今すぐ使える
かんたん
mini

井上香緒里
著

仕事の
困った！
が1冊で
解決する本

Excel

技術評論社

本書の使い方

☑ 画面の手順解説だけを読めば、操作できるようになる！
☑ もっと詳しく知りたい人は、補足説明を読んで納得！
☑ これだけは覚えておきたい機能を厳選して紹介！

特長1

機能ごとに
まとまっているので、
「やりたいこと」が
すぐに見つかる！

基本操作

赤い部分だけを読ん
で、パソコンを操作
すれば、難しいこと
はわからなくても、
あっという間に操作
できる！

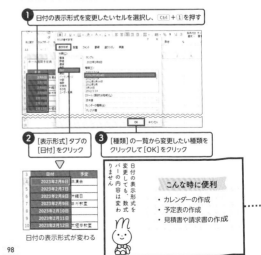

Question
73 日付の表示形式を
変更する

A [セルの書式設定] 画面で日付の [種類] を指定

「3/14」や「3-14」のように「/」(スラッシュ) や「-」(ハイフン) で区切って入力
した日付は、最初は「3月14日」の形式で表示されます。数式バーを見ると、
「2023/3/14」と表示され、西暦が自動的に付与されていることがわかりま
す。和暦や英語表記など、後から日付の表示形式を変更するには、[セルの
書式設定] 画面で日付の見せ方を指定します。

❶ 日付の表示形式を変更したいセルを選択し、[Ctrl] + [1] を押す

❷ [表示形式] タブの
[日付] をクリック

❸ [種類] の一覧から変更したい種類を
クリックして [OK] をクリック

	日付	予定
3		
4	2023年2月6日	真美会
5	2023年2月7日	
6	2023年2月8日	定例会
7	2023年2月9日	避難訓練
8	2023年2月10日	
9	2023年2月11日	
10	2023年2月12日	安全祈願

日付の表示形式が変わる

日付の表示形式を変更しても、数式バーの内容は変わりません。

こんな時に便利

・カレンダーの作成
・予定表の作成
・見積書や請求書の作成

セルの書式設定

Question 74 「年/月」が英語で 表示されたら

A ［数値の書式］から［短い日付形式］をクリック

セルの日付が英語表記になっているのは、日付の表示形式が変更されている
ためです。日付の表示形式を変更する方法はいくつかありますが、［ホーム］
タブの［数値の書式］から［短い日付形式］や［長い日付形式］をクリックする
のがかんたんです。

❶ 英語の日付のセルを選択

❷ ［ホーム］タブの［数値の書式］→
［短い日付形式］をクリック

Chapter **4**

	日付	予定	備考
3			
4	2023/2/6	演奏会	
5	2023/2/7		
6	2023/2/8	休館日	
7	2023/2/9	ヨガ教室	
8	2023/2/10		
9	2023/2/11		
10	2023/2/12	太鼓教室	

日付の表記が変わる

［セルの書式設定］画面で
日付の［種類］を変更する
方法もあります

99

パソコンの基本操作

☑ 本書の解説は、基本的にマウスを使って操作することを前提としています。
☑ お使いのパソコンのタッチパッド、タッチ対応モニターを使って操作する
　場合は、各操作を次のように読み替えてください。

1 マウス操作

●クリック（左クリック）

クリック（左クリック）の操作は、画面上にある要素やメニューの項目を選
択したり、ボタンを押したりする際に使います。

マウスの左ボタンを1回押します。

タッチパッドの左ボタン（機種によっ
ては左下の領域）を1回押します。

●右クリック

右クリックの操作は、操作対象に関する特別なメニューを表示する場合など
に使います。

マウスの右ボタンを1回押します。

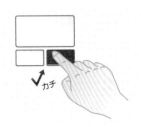

タッチパッドの右ボタン（機種によっ
ては右下の領域）を1回押します。

●ダブルクリック

ダブルクリックの操作は、各種アプリを起動したり、ファイルやフォルダーなどを開く際に使います。

マウスの左ボタンをすばやく2回押します。

タッチパッドの左ボタン（機種によっては左下の領域）をすばやく2回押します。

●ドラッグ

ドラッグの操作は、画面上の操作対象を別の場所に移動したり、操作対象のサイズを変更する際などに使います。

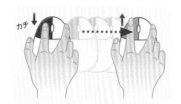

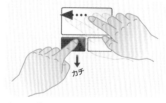

マウスの左ボタンを押したまま、マウスを動かします。目的の操作が完了したら、左ボタンから指を離します。

タッチパッドの左ボタン（機種によっては左下の領域）を押したまま、タッチパッドを指でなぞります。目的の操作が完了したら、左ボタンから指を離します。

Memo

ホイールの使い方

ほとんどのマウスには、左ボタンと右ボタンの間にホイールが付いています。ホイールを上下に回転させると、Webページなどの画面を上下にスクロールすることができます。そのほかにも、[Ctrl] を押しながらホイールを回転させると、画面を拡大／縮小したり、フォルダーのアイコンの大きさを変えたりできます。

●半角／全角キー

半角／全角漢字 日本語入力と英語入力を切り替えます。

●エンターキー

Enter 変換した文字を決定するときや、改行するときに使います。

●ファンクションキー

F1 ～ F12 12個のキーには、ソフトごとによく使う機能が登録されています。

●デリートキー

Delete 文字を消すときに使います。「del」と表示されている場合もあります。

●バックスペースキー

Back Space 入力位置を示すポインターの直前の文字を1文字削除します。

●文字キー

文字を入力します。

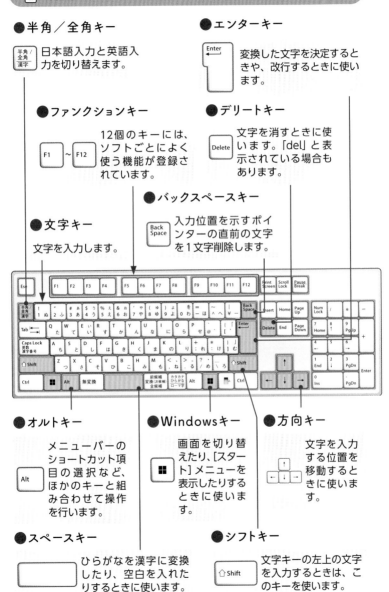

●オルトキー

Alt メニューバーのショートカット項目の選択など、ほかのキーと組み合わせて操作を行います。

●Windowsキー

■ 画面を切り替えたり、[スタート] メニューを表示したりするときに使います。

●方向キー

文字を入力する位置を移動するときに使います。

●スペースキー

ひらがなを漢字に変換したり、空白を入れたりするときに使います。

●シフトキー

⇧Shift 文字キーの左上の文字を入力するときは、このキーを使います。

③ タッチ操作

● タップ

画面に触れてすぐ離す操作です。ファイルなど何かを選択するときや、決定を行う場合に使用します。マウスでのクリックに当たります。

● ダブルタップ

タップを2回繰り返す操作です。各種アプリを起動したり、ファイルやフォルダーなどを開く際に使用します。マウスでのダブルクリックに当たります。

● ホールド

画面に触れたまま長押しする操作です。詳細情報を表示するほか、状況に応じたメニューが開きます。マウスでの右クリックに当たります。

● ドラッグ

操作対象をホールドしたまま、画面の上を指でなぞり上下左右に移動します。目的の操作が完了したら、画面から指を離します。

● スワイプ／スライド

画面の上を指でなぞる操作です。ページのスクロールなどで使用します。

● フリック

画面を指で軽く払う操作です。スワイプと混同しやすいので注意しましょう。

● ピンチ／ストレッチ

2本の指で対象に触れたまま指を広げたり狭めたりする操作です。拡大（ストレッチ）／縮小（ピンチ）が行えます。

● 回転

2本の指先を対象の上に置き、そのまま両方の指で同時に右または左方向に回転させる操作です。

サンプルファイルの
ダウンロード

本書で使用しているサンプルファイルは、以下のURLのサポートページからダウンロードすることができます。ダウンロードしたときは圧縮ファイルの状態なので、展開してから使用してください

https://gihyo.jp/book/2022/978-4-297-13022-0/support/

サンプルファイルをダウンロードする

1 ブラウザー（ここではMicrosoft Edge）を起動します

2 ここをクリックしてURLを入力し、[Enter]を押します

3 表示された画面をスクロールし、「ダウンロード」にあるサンプルファイル名をクリックします

ダウンロード

Excel_komatta.zip

4 ファイルがダウンロードされます。［ファイルを開く］をクリックします

ダウンロードした圧縮ファイルを展開する

> **1** P.8 手順❹で [ファイルを開く] をクリックすると
> フォルダが展開されるので、デスクトップなどにコピーします

> **2** コピーしたフォルダからサンプルを開くことができます

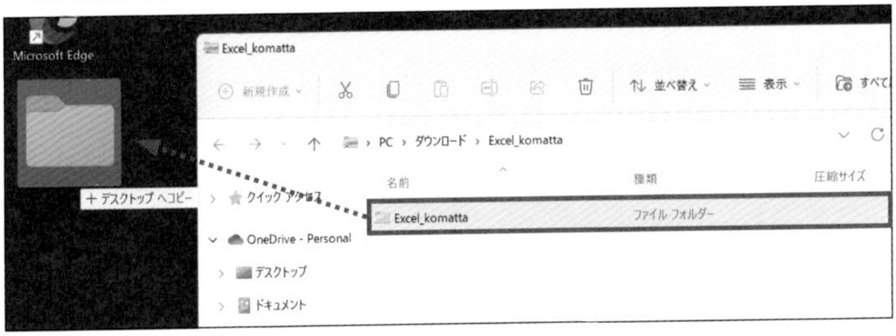

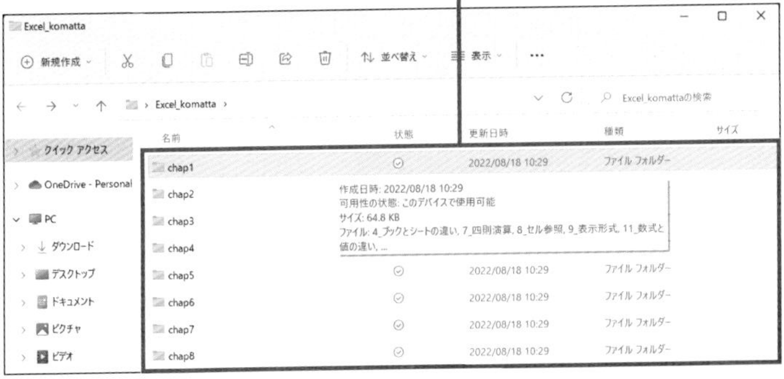

Memo 保護ビューが表示された場合

サンプルファイルを開くと、図のようなメッセージが
表示される場合があります。[編集を有効にする] を
クリックすると、本書と同様の画面表示になり、操
作を行うことができます。

> ここをクリック

Contents

Chapter

1 表の作成で困った

Chapter 2 データ入力で困った

Chapter 3 セルの編集で困った

Chapter

4 セルの書式設定で困った

Chapter

5 印刷で困った

Chapter

6 数式で困った

Chapter 7 関数で困った

Chapter 8 グラフで困った

Chapter

9 並べ替えと抽出で困った

Chapter

10 エラー表示で困った

Chapter

11 ファイルとシートで困った

ご注意:ご購入・ご利用の前に必ずお読みください

- 本書に記載された内容は、情報提供のみを目的としています。したがって、本書を用いた運用は、必ずお客様自身の責任と判断によって行ってください。これらの情報の運用の結果について、技術評論社および著者はいかなる責任も負いません。

- ソフトウェアに関する記述は、特に断りのないかぎり、2022年8月1日現在での最新情報をもとにしています。これらの情報は更新される場合があり、本書の説明とは機能内容や画面図などが異なってしまうことがあり得ます。あらかじめご了承ください。

- 本書の内容についてはWindows 11およびExcel 2021/Microsoft 365で動作確認を行っています。ご利用のOSおよびブラウザによっては手順や画面が異なることがあります。あらかじめご了承ください。

以上の注意事項をご承諾いただいた上で、本書をご利用願います。これらの注意事項をお読みいただかずに、お問い合わせいただいても、技術評論社および著者は対処しかねます。あらかじめご承知おきください。

- 本書に掲載した会社名、プログラム名、システム名などは、米国およびその他の国における登録商標または商標です。本文中では™、®マークは明記していません。

Chapter

1

Excel の基本操作で困った

Excelを使ううえで欠かせない基本的な用語やワークシートのしくみを知りましょう。用語やしくみを理解すると、本書やExcelの解説書を読む際の理解が深まります。

Excelのバージョンと
その違い

A 最新バージョンは「Excel 2021」

バージョンとは、Excelなどのアプリが改訂された段階を示す表記です。通常はアプリ名の後ろに数字で表示され、数字が大きいほど新しいバージョンです。Excelのバージョンにはいくつかありますが、サポート期限が終了すると、セキュリティアップデートがされなくなり、ウイルス感染や情報漏えいのリスクが高まるので注意しましょう。

バージョン	発売時期	サポート
Excel 2010	2010年	サポート終了
Excel 2013	2013年	サポート終了
		延長サポート（2023/4/11まで）
Excel 2016	2015年	サポート終了
		延長サポート（2025/10/14まで）
Excel 2019	2019年	2023年10月10日まで
		延長サポート（2025/10/14まで）
Excel 2021	2021年	2026年10月13日まで
		延長サポートなし
Microsoft 365	2020年	契約期間内は常に最新のアプリが使える

本書は最新バージョンの
Excel 2021で操作します

Excel のバージョンを確認する

Question 02

A [ファイル]タブから[アカウント]を表示

Excelのバージョンによって、画面構成や利用できる機能や関数、拡張子が変わります。会社や自宅で使用しているExcelのバージョンを確認しておきましょう。

1 [ファイル]タブの[その他のオプション]→
[アカウント]をクリック

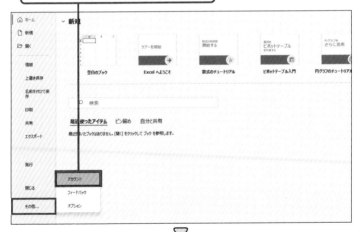

Excelのバージョンが表示される

03 Excel 2021と Microsoft 365の違い

A 「買い切り型」と「サブスクリプション型」の違い

Excelを利用する形態は2種類あります。最新バージョンのExcel 2021は「買い切り型」と呼ばれ、1回購入するとずっと使うことができますが、次のバージョンを使いたいときには改めて買い直す必要があります。一方、Microsoft 365は「サブスクリプション型」と呼ばれ、一定の金額（月額か年額）を払い続けることで常に最新の機能を利用できます。

	Excel 2021 （Office 2021）	Microsoft 365
料金	購入時の支払いのみ	一定の料金を支払い続ける（月額もしくは年額）
アプリ	Office 2021には、Word、Excel、PowerPointなどが含まれる（パッケージによって含まれるアプリは異なる） ※Excel 2021を単独で購入することもできる	Word、Excel、PowerPointなどのアプリの最新の機能を利用できる
インストール	PCまたはMacのいずれかに1回インストールできる	複数のデバイス（タブレットやスマホを含む）にインストールし、同時に5台にサインインできる
OneDrive （Web上の保存場所）	なし	1TBの領域を利用できる
機能の更新	セキュリティ更新プログラムを利用できる。ただし、新しい機能は追加されない	常に最新の機能と更新プログラムが利用できる

Question

04 ブックとシートを理解する

A ブックは1つまたは複数のシートで構成される

Excelのブックは1つ以上のシートでできています。別のシートの値を利用した計算なども可能ですが、同じブックでも各シートの内容やサイズは変更できます。

シート(ワークシート)

シートは、Excelで表作成やグラフ作成を行う時に使う作業用のスペースです。縦横の線で区切られたセル(マス目)で構成されています。最初は1枚のシートが表示されますが、後からシートを追加することができます。

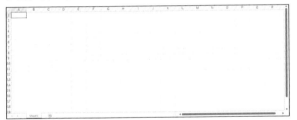

ブック

ブックは1つまたは複数のシートで構成されています。Excelのファイルを保存すると、「ブック」として保存されます。

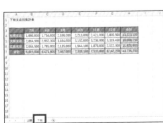

複数のシートがまとまったものが「ブック」

Question 05　行番号と列番号を理解する

A　行番号は数字、列番号は英字

Excelのシートは行と列で構成されています。行は数字で表示され、列は英字で表示されます。シートの最大の大きさは、1,048,576行×XFD列（16,384列）です。

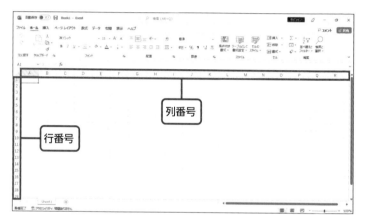

何も入力されていない表で Ctrl + → を押すと、列の右端のXFD列にジャンプします

何も入力されていない表で Ctrl + ↓ を押すと、最終行の1,048,576行にジャンプします

Question 06 セルを理解する

A セルはシートを構成するマス目のこと

Excelのブックはシートでできていますが、シートは各マス目である「セル」で
できています。このセルに文字や数字、式を打ち込んで利用していきます。

セルの位置

シートのマス目のことを「セル」と呼びます。セルの位置は、列番号と行番号を組
み合わせて表します。たとえば、「B2」セルはB列の2行目のセルという意味です。

[名前ボックス] には選択したセルの位置が表示される

アクティブセル

セルの中でも、操作対象のセルを「アクティブセル」と呼びます。セルを選択す
ると、セルの周囲が太い罫線で囲まれてアクティブセルになります。データや
数式などを入力すると、アクティブセルに表示されます。

「B2」などのセルの
位置を「セル番地」
とも呼びます

C3セルがアクティブセル

数式を入力する

A 四則演算や関数を使う

Excelで計算するには、セルに数式を入力します。数式には「四則演算」と「関数」の2種類があり、どちらも先頭に「=」を入力します。Excelでの計算には、数字のほかセルを利用することもできます。

四則演算

「+」「−」「*」「/」の演算子を使って、加減乗除の計算を行います。四則演算の数式を作る操作はP.135を参照してください。

C2	⌄	: × ✓	fx	= B2+C2	
	A	B	C	D	E
1	氏名	筆記	実技	合計	
2	木下あゆみ	82	70	= B2+C2	
3	遠藤雄太	74	98		

セルを利用した計算

関数

Excelに用意されている関数を使って計算します。合計や平均など、400以上の関数が用意されており、単独で使用したり複数の関数を組み合わせて使用したりできます。関数の操作は7章を参照してください。

D2	⌄	: × ✓	fx	=SUM(B2:C2)	
	A	B	C	D	E
1	氏名	筆記	実技	合計	
2	木下あゆみ	82	70	=SUM(B2:C2)	
3	遠藤雄太	74	98		

関数を利用した計算

Question 08 セル参照の使い方

A 「相対参照」と「絶対参照」がある

数式などを作成する時に、セルの位置を指定することを「セル参照」と呼びます。

相対参照

セル参照を使った数式をコピーすると、自動的に行番号や列番号がコピー先に合わせて変化します。これを「相対参照」と呼びます。セル参照の操作はP.135を参照してください。

	A	B	C	D	E
1	商品名	単価	数量	合計	
2	和食弁当	580	25	=B2*C2	
3	洋食弁当	600	15	=B3*C3	
4	中華弁当	650	8	=B4*C4	
5	カレー弁当	550	12	=B5*C5	
6	合計			=SUM(D2:D5)	

行番号が1行ずつずれてコピーされる

絶対参照

セル参照を使った数式をコピーしても、セルの位置がずれないように固定することを「絶対参照」と呼び、固定したいセル番地に「$」記号を付けます。絶対参照の操作はP.136を参照してください。なお、相対参照と絶対参照を組み合わせる「複合参照」と呼ばれる使い方もあります（P.148参照）。

	A	B	C	D	E
1	商品名	単価	数量	合計	構成比
2	和食弁当	580	25	=B2*C2	=D2/$D$6
3	洋食弁当	600	15	=B3*C3	=D3/$D$6
4	中華弁当	650	8	=B4*C4	=D4/$D$6
5	カレー弁当	550	12	=B5*C5	=D5/$D$6
6	合計			=SUM(D2:D5)	

絶対参照にしたD6セルはコピーしてもずれない

09 「セルの表示形式」とは

A データの見せ方を変えること

[表示形式]機能を使うと、セルに入力したデータの見せ方を変更できます。た
とえば、入力した日付を和暦で表示したり西暦で表示したりできます。どちらも
セルに入力した元のデータは同じで、日付の見せ方を変えているだけです。

元のデータ	表示形式を変更した結果	
	2022/9/30	西暦で表示
	令和4年9月30日	和暦で表示
2022/9/30	R4.9.30	和暦の簡略表示
	2022年9月30日	日本語で表示
	30-Sep-22	英語で表示

B4		:	× ✓ fx	2022/9/30		
▲	A	B		C	D	E
1						
2	元のデータ	表示形式を変更した結果				
3		2022/9/30	西暦で表示			
4		令和4年9月30日	和暦で表示			
5	2022/9/30	R4.9.30	和暦の簡略表示			
6		2022年9月30日	日本語で表示			
7		30-Sep-22	英語で表示			
8						

和暦で表示した日付も元のデータは「2022/9/30」のままであることがわかる

^{Question} 10 「書式」とは

A データに飾りを付けること

セルに入力したデータのフォントやフォントサイズ、セル内の配置、罫線や塗りつぶしなどの飾りを総称して「書式」と呼びます。P.28で解説した「表示形式」も書式のひとつです。

下図のように、セルに「1000」というデータを入力し、「¥マークと3桁ごとのカンマをつけて太字にしなさい」という書式を設定します。すると、「1000」に「¥」と「,」と「太字」の書式が加わって、「¥1,000」と表示されます。

1000　　　¥マークとカンマと太字

値（データ）┗━━━━┛ 書式

¥1,000

1000というデータに「¥」と「,」と「太字」の書式が設定されている

［ホーム］タブの［フォント］グループ、［配置］グループ、［数値］グループの機能を使って書式を設定します

［セルの書式設定］画面でまとめて設定することもできます

Question
11 数式と値の違い

A 「数式」の元になるデータが「値」

「数式」は四則演算や関数を使った計算式のことで、「値」は数式の元になる数値や文字などのデータのことです。どちらも数式バーで、セルの内容を確認できます。

B2セルとB3セルは、キーボードから直接入力した「値」

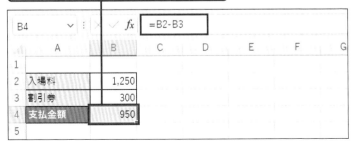

数式バーには値がそのまま表示される

B4セルは、B2セルの値とB3セルの値の合計を計算するための「数式」

数式バーには数式が表示され、セルには計算結果が表示される

Question 12 ファイルを検索して開く

A Windows11の検索ボックスにファイル名を入力

Windows11の検索ボックスにExcelのファイル名を入力して検索すると、検索結果のファイルをクリックするだけで、Excelの起動とファイルを開く操作をまとめて行えます。検索ボックスに入力するキーワードは、ファイル名の一部でもかまいません。

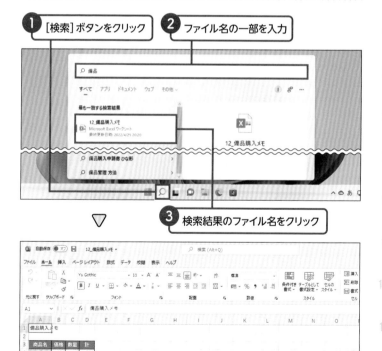

1 [検索] ボタンをクリック

2 ファイル名の一部を入力

3 検索結果のファイル名をクリック

指定したファイルが開く

13 クイックアクセスツールバー を表示する

A リボンを右クリックして表示

クイックアクセスツールバーとは、Excelでよく使う機能を登録しておくための
バーです。以下の操作でクイックアクセスツールバーを表示すると、最初はリ
ボンの下側に表示されますが、後からリボンの上側に移動することもできます。

1 リボンのボタン以外の場所を右クリックし、
[クイックアクセスツールバーを表示する]をクリック

2 表示されたクイックアクセスツールバーを右クリック

3 [クイックアクセスツールバーをリボンの上に表示]を
クリックするとリボンの上に移動する

クイックアクセスツールバーが表示される

14 クイックアクセスツールバーによく使うボタンを登録する

A 登録したいボタンを右クリック

クイックアクセスツールバーに頻繁に使う機能を登録すると、ボタンをクリックするだけで機能を実行できます。クイックアクセスツールバーは常に表示されているので、タブを切り替える操作が不要となり、作業効率が向上します。

ボタンを追加

P.32の操作でクイックアクセスツールバーを表示しておく

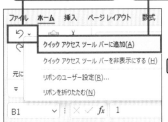

① 登録したいボタンを右クリック

② [クイックアクセスツールバーに追加]をクリック

クイックアクセスツールバーに
ボタンが登録される

ボタンの削除

1 クイックアクセスツールバーで削除したいボタンを右クリック

2 [クイックアクセスツールバーから削除]をクリック

| ファイル | ホーム | 挿入 | ページ レイアウト | 数式 | データ | 校閲 | 表示 | ヘルプ |

游ゴシック ～ 11 ～ A^ A^

B I U ～ 田 ～ ▽ ～ A ～

元に戻す　クリップボード　フォント　配置

元に戻す　やり直し

クイック アクセス ツール バーから削除(R)

クイック アクセス ツール バーのユーザー設定(C)...

クイック アクセス ツール バーをリボンの上に表示(S)

クイック アクセス ツール バーを非表示にする (H)

コマンド ラベルを表示しない(L)

リボンのユーザー設定(R)...

リボンを折りたたむ(N)

A1

A	B	G	H	I
1				
2				
3				
4				
5				

▽

| ファイル | ホーム | 挿入 | ページ レイアウト | 数式 | データ | 校閲 | 表示 | ヘルプ |

游ゴシック ～ 11 ～ A^ A^

B I U ～ 田 ～ ▽ ～ A ～

元に戻す　クリップボード　フォント　配置

元に戻す ▽

A1 ～ fx

クイックアクセスツールバーからボタンが削除される

ボタンを削除してもExcelの機能そのものが削除されるわけではありません

Question 15 アクティブセルを一瞬で A1セルに戻す

A Ctrl + Home を押す

Excelのシートは広いので、どこにアクティブセルがあるか見えなくなってしまう場合があります。Ctrl + Home を押すと、アクティブセルがどこにあっても一瞬でA1セルにアクティブセルが戻ります。

画面上にアクティブセルが見当たらない状態

① Ctrl + Home を押す

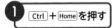

A1セルがアクティブセルになる

キー操作で機能を実行することを「ショートカットキー」と呼びます

Question

16 リボンがなくなってしまったら

A タブをクリック／ダブルクリック

タブだけが表示されて、リボンが見えなくなってしまったときは、リボンが折りたたまれている可能性があります。リボンを一時的に表示するにはタブをクリック、リボンを常に表示するにはタブをダブルクリックします。

1 いずれかのタブをクリック

タブしか表示されていない状態

▽

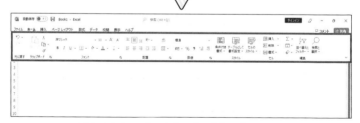

クリックしたタブのリボンが一時的に表示される

セルをクリックすると
再びリボンが隠れます

タブをダブルクリックすると、
リボンが常に表示されるようになります

Question 17 行番号・列番号が表示されなくなったら

A [表示] タブの [見出し] をオンにする

シートの行番号や列番号が表示されないのは、[表示] タブの [見出し] がオフになっているためです。[見出し] をクリックしてオンにすると、行番号と列番号が表示されます。

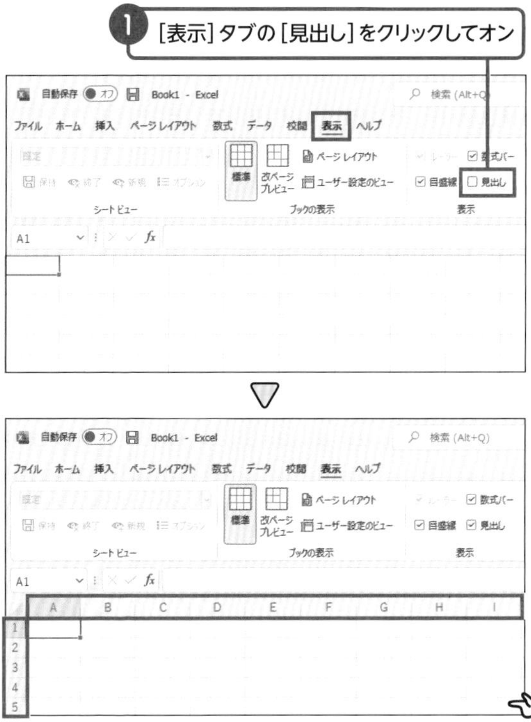

1 [表示] タブの [見出し] をクリックしてオン

「見出し」とは
シートの行番号と
列番号のことです

行番号と列番号が表示される

37

Question

18 数式バーが 表示されなくなったら

A [表示]タブの[数式バー]をオンにする

数式バーは、数式の内容を確認したり修正したりするときに欠かせない領域です。数式バーが表示されていないときは、[表示]タブの[数式バー]をクリックしてオンにします。

1 [表示]タブの[数式バー]をクリックしてオン

数式バーが表示される

数式バーの右端にある ☑ を
クリックすると、数式バーが
広がります

元のサイズに戻すには
☐ をクリックします

Chapter

2

データ入力で困った

データ入力は正確さとスピードが求められます。この
章では、データ入力の技と、思ったようにデータが入
力できなかったときの解決方法を紹介します。

Question 19 セルの一部だけを
書き換える

A F2 で編集モードに切り替える

セルに入力したデータを修正する方法には、「上書き」と「部分修正」の2種類あります。短いデータは上書きするほうが早いですが、長いデータや数式は F2 を押して編集モードに切り替えてから修正する方法を覚えておくと便利です。

① 修正したいセルを選択し、F2 を押す

	A	B	C
1	旅費計算表		
2	項目	料金	
3	交通費	2,500	
4	ランチ代	1,250	
5	入館費	560	
6	合計	4,310	
7			

セル内にカーソルが表示される

② 「ランチ」を「昼食」に変更して Enter を押す

	A	B	C
1	旅費計算表		
2	項目	料金	
3	交通費	2,500	
4	昼食代		
5	入館費	560	
6	合計	4,310	
7			

▷

	A	B	C
1	旅費計算表		
2	項目	料金	
3	交通費	2,500	
4	昼食代	1,250	
5	入館費	560	
6	合計	4,310	
7			

セルのデータの一部を修正できる

修正したいセルをダブルクリック
しても編集モードに切り替わります

Question 20 アクティブセルを右方向に移動する

A 入力後に Tab を押す

セルにデータを入力してから Enter を押すと、アクティブセルが下に移動します。そのため、右側にデータを入力したいときは、その都度アクティブセルを移動しなければなりません。データの入力後に Tab を押すと、アクティブセルが右に移動します。

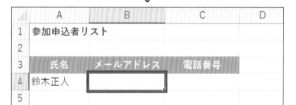

1 セルにデータを入力したら Tab を押す

	A	B	C	D
1	参加申込者リスト			
2				
3	氏名	メールアドレス	電話番号	
4	鈴木正人			
5				

▽

	A	B	C	D
1	参加申込者リスト			
2				
3	氏名	メールアドレス	電話番号	
4	鈴木正人			
5				

アクティブセルが右側のB4セルに移動する

このあと Enter を押すと
A5セルに移動します

方向キーでもアクティブセルの位置を移動できます

Question

21 Enter を押した後の 移動方向を変える

A [Excelのオプション] 画面で移動方向を設定

Enter を押した後にアクティブセルが移動する方向は、[Excelのオプション] 画面で設定できます。[Excelのオプション] 画面にある [Enterキーを押したら、セルを移動する] の [方向] から [下] [右] [上] [左] のいずれかを指定します。

1 [ファイル] タブの [その他のオプション] → [オプション] をクリック

共有	最近使ったアイテム　ピン留め　自分と共有
エクスポート	最近開いたブックはありません。[開く] をクリックして ブック を参照します。
発行	
閉じる	アカウント
	フィードバック
その他...	オプション

2 [詳細設定] をクリック

3 [Enterキーを押したら、セルを移動する] の [方向] を指定

Excel のオプション

全般	Excel の操作についての詳細オプションです。
数式	
データ	編集オプション
文章校正	☑ Enter キーを押したら、セルを移動する(M)
保存	方向(I): [下 ▼]
言語	☐ 小数点位置を自動的に挿入する(D) [下/右/上/左]
アクセシビリティ	入力単位(P):
詳細設定	☑ フィル ハンドルおよびセルのドラッグ アンド ドロップを使用する(D)
リボンのユーザー設定	☑ セルを上書きする前にメッセージを表示する(A)
	☑ セルを直接編集する(E)

設定した内容は、他のブックの
操作にも反映されます

42

Question 22 選択した範囲だけにデータを入力する

A 入力したいセル範囲をドラッグしておく

表のデータを入力する際は、右や下にアクティブセルを移動する必要があります。大きな表であれば、アクティブセルを移動する操作だけでも膨大な数になります。データを入力する前に、データを入力したいセル範囲をドラッグしておくと、Enter を押したときに、選択したセル範囲内だけを移動します。

1 データを入力したいセルを選択

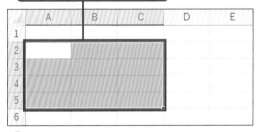

2 Enter を押す

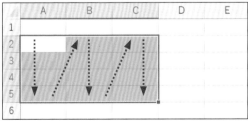

アクティブセルが赤い矢印のように移動する

Shift + Enter で
逆方向に移動します

23 難しい漢字を入力する

A [IMEパッド]を使う

読みのわからない漢字を入力するときは[IMEパッド]を使います。[IMEパッド]を使うと、総画数や部首の画数から目的の漢字を探したり、[手書き]の機能を利用してマウスで文字を書いて探したりすることもできます。

1 入力モードアイコンを右クリックし、[IME パッド]をクリック

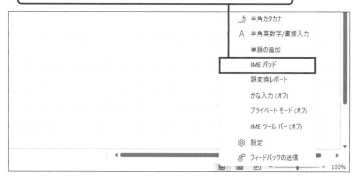

⼒	半角カタカナ
A	半角英数字/直接入力
	単語の追加
	IME パッド
	誤変換レポート
	かな入力 (オフ)
	プライベート モード (オフ)
	IME ツール バー (オフ)
⚙	設定
⚙	フィードバックの送信

2 [部首]をクリックし、目的の漢字の部首をクリック

3 目的の漢字をクリック

文字が入力される

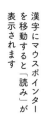

漢字にマウスポインターを移動すると「読み」が表示されます

Question 24 自動で行われた変換を取り消す

A 変換後に Ctrl + Z を押す

登録商標マークの「(R)」を入力すると®に、著作権マークの「(C)」を入力すると©に変換されます。これは[オートコレクト]機能が働くためです。オートコレクト機能は、誤入力やスペルミスを自動修正したり、記号をかんたんに挿入したりする機能です。「(R)」や「(C)」のまま表示したいときは、変換後に Ctrl + Z を押して一時的にオートコレクト機能を解除します。

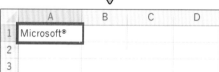

❶ 「Microsoft(R)」と入力して Enter を押す

	A	B	C	D
1	Microsoft(R)			
2				
3				

▽

	A	B	C	D
1	Microsoft®			
2				
3				

「Microsoft®」が表示される

Enter を押す前に
Ctrl + Z を押します

❷ Ctrl + Z を押す

	A	B	C	D
1	Microsoft(R)			
2				
3				

「(R)」に戻る

25 「@」や「/」を入力する

A 先頭に「'」を付けて入力

Excelでは、先頭に「@」を入力すると自動で関数と判断されるため、「@」の後に関数以外を入力するとエラーになります。また、先頭に「/」を入力するとタブに英字が表示され、入力とは異なる動作になります。「@」や「/」をそのまま入力するには、先頭に半角の「'」(シングルクォーテーション)を付けて、文字列として入力します。

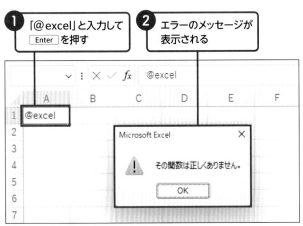

① 「@excel」と入力して Enter を押す

② エラーのメッセージが表示される

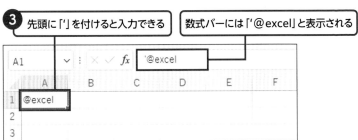

③ 先頭に「'」を付けると入力できる

数式バーには「'@excel」と表示される

「@」が入力できる

Question 26 「0」が消えてしまったら

A 先頭に「'」を付けて入力

「0001」と入力すると、「0」が消えて「1」だけが表示されます。「0」をそのまま表示したいときは、先頭に半角の「'」（シングルクォーテーション）を付けて、文字列として入力します。

1 「0001」と入力して Enter を押す

	A	B	C
1	会員リスト		
2			
3	会員番号	氏名	電話番号
4	0001	髙木玲子	080-1111-0000
5			
6			
7			

▷

	A	B	C
1	会員リスト		
2			
3	会員番号	氏名	電話番号
4	1	髙木玲子	080-1111-0000
5			
6			
7			

「1」と表示される

2 先頭に「'」を付けて入力

A4	∨ : × ✓ fx	'0001

	A	B	C
1	会員リスト		
2			
3	会員番号	氏名	電話番号
4	0001	⚠木玲子	080-1111-0000
5			
6			
7			

「0001」と表示される

こんな時に便利

- 商品番号の入力
- 会員番号の入力
- 電話番号の入力

P.48の操作で、入力前にセルの表示形式を「文字列」に設定する方法もあります

27 入力が日付に 変わってしまったら

A セルの表示形式を「文字列」に設定

「1-2」や「1/2」のように、半角の「-」(マイナス)や「/」(スラッシュ)で区切って入力すると、勝手に「1月2日」と変換されます。これはExcelが「-」や「/」で区切られた文字を日付と認識するためです。入力したとおりに表示するには、入力前にセルの表示形式を「文字列」に変更しておきます。

1 セルを選択して[ホーム]タブの[数値の書式]→[文字列]をクリック

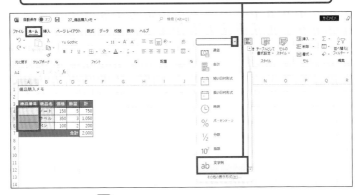

P.47の操作で、
先頭に「'」記号を
付ける方法もあります

セルに「1-2」と入力するとそのまま表示される

Question 28 （）付きの数値が負の値になったら

A 先頭に「'」を付けて入力

「（1）」のように数字を括弧で囲んで入力すると、負の値と判断されて「-1」と表示されます。「（1）」をそのまま表示したいときは、先頭に半角の「'」（シングルクォーテーション）を付けて、文字列として入力します。

1 「(1)」と入力して Enter を押す

	A	B	C	D	E
1	散歩コースリスト				
2					
3	番号	コース名	距離	所要時間	
4	(1)	桜コース	2km	30分	
5		蓬コース	3km	45分	
6					
7					

	A	B	C	D	E
1	散歩コースリスト				
2					
3	番号	コース名	距離	所要時間	
4	-1	桜コース	2km	30分	
5		蓬コース	3km	45分	
6					
7					

「-1」と表示される

2 先頭に「'」を付けて入力

| A4 | ✓ : × ✓ fx | '(1) |

	A	B	C	D	E
1	散歩コースリスト				
2					
3	番号	コース名	距離	所要時間	
4	(1)	⚠コース	2km	30分	
5		蓬コース	3km	45分	
6					
7					

「(1)」と表示される

P.48の操作で、入力前にセルの表示形式を「文字列」に設定する方法もあります

Question

29 セルに緑のマークが表示されたら

A 「!」ボタンから[エラーを無視する]を選ぶ

データを文字列として表示したり数式を入力したりしたときに、セルの左上に緑の三角マークが表示されることがあります。これは「エラーインジケーター」と呼ばれるもので、入力したデータに何らかの間違いがある可能性があるときに表示されます。間違いがないときは、緑の三角マークを消しておくといいでしょう。

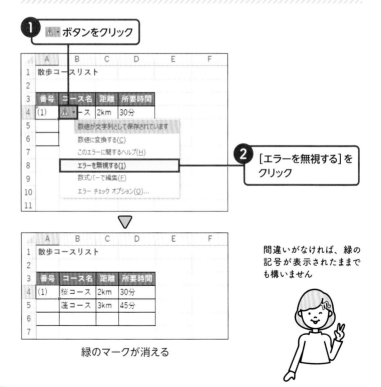

1 ⚠ · ボタンをクリック

	A	B	C	D	E	F
1	散歩コースリスト					
2						
3	番号	コース名	距離	所要時間		
4	(1)	⚠ · ース	2km	30分		
5		数値が文字列として保存されています				
6		数値に変換する(C)				
7		このエラーに関するヘルプ(H)				
8		エラーを無視する(I)				
9		数式バーで編集(F)				
10		エラー チェック オプション(O)...				
11						

2 [エラーを無視する]をクリック

	A	B	C	D	E	F
1	散歩コースリスト					
2						
3	番号	コース名	距離	所要時間		
4	(1)	桜コース	2km	30分		
5		蓮コース	3km	45分		
6						
7						

緑のマークが消える

間違いがなければ、緑の記号が表示されたままでも構いません

Question 30 セルに「####」と表示されたら

A 列幅が不足しているので広げる

セルに数値を入力したときに「#」記号が表示されることがあります。これは、列幅が不足しているため、数値を全部表示できないときに表示される記号です。数値は1桁でも足りないと大きな間違いにつながるので注意しましょう。列幅を広げると、「#」記号が消えて数値が表示されます。

1 「#」記号が表示されている列番号の右側にマウスポインターを移動

	A	B	C	D	E
1	旅費計算表				
2					
3	項目	料金			
4	交通費	###			
5	ランチ代	###			
6	土産代	###			
7	合計	###			
8					

2 右方向にドラッグ

▽

	A	B	C	D	E
1	旅費計算表				
2					
3	項目	料金			
4	交通費	2,800			
5	ランチ代	2,580			
6	土産代	5,900			
7	合計	11,280			
8					

列幅が広がって数値が表示される

列幅を変更する操作は P.64で解説しています

31 セル内で改行する

A [Alt] + [Enter] で改行

長い文字列を入力するときは、区切りのいい位置でセルの中で改行できます。
セルの中で改行するには、改行したい位置で [Alt] + [Enter] を押します。入力
済みの文字列を後から [Alt] + [Enter] で分けることもできます。

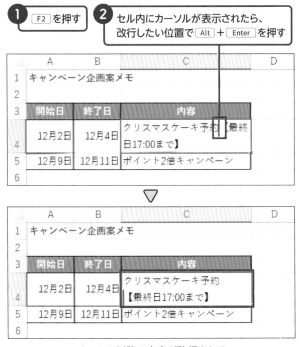

1 [F2] を押す

2 セル内にカーソルが表示されたら、改行したい位置で [Alt] + [Enter] を押す

	A	B	C	D
1	キャンペーン企画案メモ			
2				
3	開始日	終了日	内容	
4	12月2日	12月4日	クリスマスケーキ予約【最終日17:00まで】	
5	12月9日	12月11日	ポイント2倍キャンペーン	
6				

▽

	A	B	C	D
1	キャンペーン企画案メモ			
2				
3	開始日	終了日	内容	
4	12月2日	12月4日	クリスマスケーキ予約 【最終日17:00まで】	
5	12月9日	12月11日	ポイント2倍キャンペーン	
6				

カーソル以降の文字が改行される

P.83の操作で、セル内の改行を
まとめて削除することもできます

Question 32 すばやく連続データを入力する

A 元になるセルのフィルハンドルをドラッグ

「1」「2」「3」や「1月」「2月」「3月」、「月」「火」「水」のように順番が決まっているデータは、マウスのドラッグ操作だけで入力できます。これは[オートフィル]機能と呼ばれるもので、元になるデータを入力し、そのセルの右下にある ■（フィルハンドル）をドラッグして連続したデータを自動生成します。

1 B3セルに「4月」と入力し、
B3セルの ■ フィルハンドルにマウスポインターを移動

	A	B	C	D	E	F
1	月別支店別集計表					
2						
3	支店名	4月			合計	
4	札幌支店	2,586,000	2,234,600	2,768,000	7,588,600	
5	大阪支店	1,864,500	1,952,300	2,164,000	5,980,800	
6	広島支店	1,964,500	1,785,000	2,135,000	5,884,500	
7	合計	6,415,000	5,971,900	7,067,000	19,453,900	
8						

2 そのままD3セルまでドラッグ

	A	B	C	D
1	月別支店別集計表			
2				
3	支店名	4月		合計
4	札幌支店	2,586,000	2,234,600	2,768,000	7,
5	大阪支店	1,864,500	1,952,300	2,164,000	5,
6	広島支店	1,964,500	1,785,000	2,135,000	5,
7	合計	6,415,000	5,971,900	7,067,000	19,
8				

	A	B	C	D
1	月別支店別集計表			
2				
3	支店名	4月	5月	6月	合計
4	札幌支店	2,586,000	2,234,600	2,768,000	7,
5	大阪支店	1,864,500	1,952,300	2,164,000	5,
6	広島支店	1,964,500	1,785,000	2,135,000	5,
7	合計	6,415,000	5,971,900	7,067,000	19,
8				

「5月」「6月」が自動的に表示される

英語の月名や曜日でも
連続データを作成できます

奇数データだけを
入力する

A 2つのデータを入力してからオートフィルを利用

P.53のオートフィル機能を使うと、奇数や偶数、5刻みの数値など、一定の
法則のある連続データを作成することもできます。それには、元になる2つの
データを入力し、2つのセルをまとめてオートフィルでドラッグします。そうする
と、2つのデータの差分を判断して連続データが表示されます。

① A4セルとA5セルをドラッグ

	A	B	C	D	E	F
1	月別支店別集計表					
2						
3	月	札幌支店	大阪支店	広島支店	合計	
4	1月	2,586,000	2,234,600	2,768,000	7,588,600	
5	3月	1,864,500	1,952,300	2,164,000	5,980,800	
6		64,500	1,785,000	2,135,000	5,884,	
7		1,744,400	1,945,600	1,869,500	5,559,5	
8		1,637,800	2,341,700	1,611,200	5,590,70	
9		11月,000	2,561,200	1,433,700	5,889,900	
10						

② A5セルのフィルハンドルを
A9セルまでドラッグ

A4セルに「1月」、A5セルに「3月」と入力している場合

	A	B	C	D	E	F
1	月別支店別集計表					
2						
3	月	札幌支店	大阪支店	広島支店	合計	
4	1月	2,586,000	2,234,600	2,768,000	7,588,600	
5	3月	1,864,500	1,952,300	2,164,000	5,980,800	
6	5月	1,964,500	1,785,000	2,135,000	5,884,500	
7	7月	1,744,400	1,945,600	1,869,500	5,559,500	
8	9月	1,637,800	2,341,700	1,611,200	5,590,700	
9	11月	1,895,000	2,561,200	1,433,700	5,889,900	
10						

奇数月の連続データが表示される

Question 34 オリジナルの順番を すばやく入力する

A 〔ユーザー設定リスト〕に順番を登録

支店名や店舗名、担当者名など、いつも同じ順番で入力しているデータは、その順番を [ユーザー設定リスト] に登録できます。そうすると、先頭のデータを入力するだけで、オートフィル機能を使ってオリジナルの順番のデータをあっという間に入力できます。

❶ [ファイル] タブの [その他のオプション] → [オプション] をクリック

❷ [詳細設定] をクリック   **❸** [ユーザー設定リストの編集] をクリック

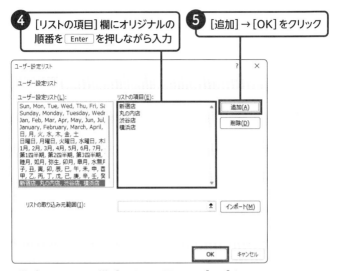

④ [リストの項目] 欄にオリジナルの順番を Enter を押しながら入力

⑤ [追加] → [OK] をクリック

ユーザー設定リスト

ユーザー設定リスト

ユーザー設定リスト(L):
Sun, Mon, Tue, Wed, Thu, Fri, Sa
Sunday, Monday, Tuesday, Wedn
Jan, Feb, Mar, Apr, May, Jun, Jul,
January, February, March, April,
日, 月, 火, 水, 木, 金, 土
日曜日, 月曜日, 火曜日, 水曜日, 木
1月, 2月, 3月, 4月, 5月, 6月, 7月,
第1四半期, 第2四半期, 第3四半期,
睦月, 如月, 弥生, 卯月, 皐月, 水無月
子, 丑, 寅, 卯, 辰, 巳, 午, 未, 申, 酉
甲, 乙, 丙, 丁, 戊, 己, 庚, 辛, 壬, 癸
新宿店, 丸の内店, 渋谷店, 横浜店

リストの項目(E):
新宿店
丸の内店
渋谷店
横浜店

[追加(A)]
[削除(D)]

リストの取り込み元範囲(I):   [↑] [インポート(M)]

[OK] [キャンセル]

手順❺の操作後は手順❷の画面に戻るので [OK] をクリック

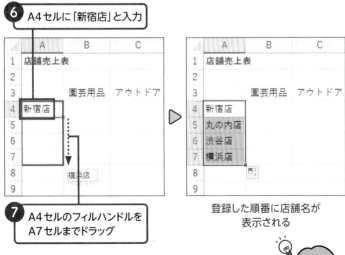

⑥ A4セルに「新宿店」と入力

	A	B	C
1	店舗売上表		
2			
3		園芸用品	アウトドア
4	新宿店		
5			
6			
7			
8	横浜店		
9			

⑦ A4セルのフィルハンドルをA7セルまでドラッグ

	A	B	C
1	店舗売上表		
2			
3		園芸用品	アウトドア
4	新宿店		
5	丸の内店		
6	渋谷店		
7	横浜店		
8			
9			

登録した順番に店舗名が表示される

[リストの取り込み元範囲]を指定すると、シートに入力済みのデータをドラッグして登録できます

Question 35 オートフィルで書式を コピーしたくない場合は

A ［オートフィルオプション］ ボタンをクリック

P.53の［オートフィル］機能を使って連続データを作成すると、元になるセルの色や罫線などの書式も一緒にコピーされます。オートフィルを実行した後に表示される［オートフィルオプション］ ボタンをクリックすると、後から結果を変更し、書式以外の情報だけをコピーできます。

1 A4セルのフィルハンドルを A10セルまでドラッグ

	A	B	C
1	週間予定表		
2			
3	曜日	予定	
4	月曜日	読書	
5	火曜日		
6	水曜日		
7	木曜日		
8	金曜日		
9	土曜日		
10	日曜日		
11			

○ セルのコピー(C)
◉ 連続データ(S)
○ 書式のみコピー (フィル)(F)
○ 書式なしコピー (フィル)(O)
○ 連続データ (日単位)(D)
○ 連続データ (週日単位)(W)
○ フラッシュ フィル(F)

2 ［オートフィルオプション］ボタン→ ［書式なしコピー］をクリック

	A	B	C
1	週間予定表		
2			
3	曜日	予定	
4	月曜日	読書	
5	火曜日		
6	水曜日		
7	木曜日		
8	金曜日		
9	土曜日		
10	日曜日		
11			

コピーされたセルの色が元に戻る

それまでに入力した値から選択して入力する

A Alt + ↓ を押す

何度も繰り返して入力するデータは、手早く入力したいものです。Alt + ↓ を押すと、アクティブセルのある列の上側に入力済みのデータが一覧表示されるため、クリックするだけで入力できます。

① Alt + ↓ を押す　② 一覧から入力したいデータをクリック

	A	B	C	D	E
1	社内テニスクラブ会員リスト				
2					
3	社員番号	氏名	部署	連絡先	
4	1025	山本　大地	人事部	090-0000-XXXX	
5	1031	中村　健太	総務部	050-0000-XXXX	
6	1035	長谷川　大樹	システム部	080-0000-XXXX	
7	1048	上野　葵	企画部	080-0000-XXXX	
8	1058	原　翔太朗			
9	1074	飯島　尚	企画部		
			システム部		
10	1094	五十嵐　陽子	人事部		
11	1097	大下　愛	総務部		

▽

	A	B	C	D
1	社内テニスクラブ会員リスト			
2				
3	社員番号	氏名	部署	連絡
4	1025	山本　大地	人事部	090-0000-
5	1031	中村　健太	総務部	050-0000-
6	1035	長谷川　大樹	システム部	080-0000-
7	1048	上野　葵	企画部	080-0000-
8	1058	原　翔太朗	システム部	
9	1074	飯島　尚		
10	1094	五十嵐　陽子		

選択したデータを入力できる

こんな時に便利

・社員名簿の作成
・売上台帳の作成

Question 37 あらかじめ入力リストを作成しておく

A [データの入力規則] にリストを登録する

P.58の操作では、入力済みのデータだけがリスト化されます。[データの入力規則] 機能を使うと、入力候補のデータをあらかじめ登録できるため、未入力のデータもリスト化され、クリックするだけで入力できます。

1 [データ] タブの [データの入力規則] をクリック

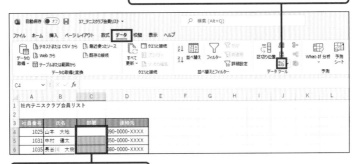

入力したいセルを選択しておく

2 [設定] タブで [入力値の種類] → [リスト] をクリック

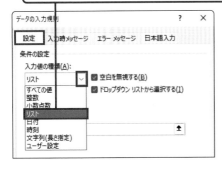

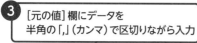

③ [元の値] 欄にデータを
半角の「,」(カンマ)で区切りながら入力

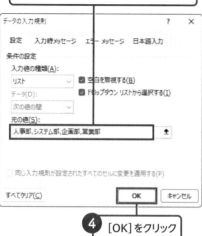

データの入力規則　　　　　　　　? ×

設定　入力時メッセージ　エラー メッセージ　日本語入力

条件の設定
　入力値の種類(A):
　リスト　　　　　　∨　☑ 空白を無視する(B)
　データ(D):　　　　　☑ ドロップダウン リストから選択する(I)
　次の値の間　　　　∨
　元の値(S):
　人事部,システム部,企画部,営業部　　　　　　　　↑

　□ 同じ入力規則が設定されたすべてのセルに変更を適用する(P)

すべてクリア(C)　　　　　　OK　　　　キャンセル

④ [OK]をクリック

⑤ セルを選択し、右端の ▼ をクリック

⑥ リスト化されたデータから
入力したいデータをクリック

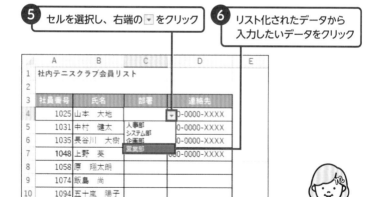

	A	B	C	D	E
1	社内テニスクラブ会員リスト				
2					
3	社員番号	氏名	部署	連絡先	
4	1025	山本　大地		0-0000-XXXX	
5	1031	中村　健太	人事部	0-0000-XXXX	
6	1035	長谷川　大樹	システム部 企画部	0-0000-XXXX	
7	1048	上野　葵	営業部	0-0000-XXXX	
8	1058	原　翔太朗			
9	1074	飯島　尚			
10	1094	五十嵐　陽子			
11	1097	大下　愛			

データを入力できる

こんな時に便利

・ 社員名簿の作成
・ 売上台帳の作成

［データの入力規則］画面の
［すべてクリア］をクリックす
ると、設定した入力規則を
解除できます

Question 38 法則のあるデータを 自動入力する

A [データ] タブの [フラッシュフィル] をクリック

[フラッシュフィル] とは、入力済みのデータから法則性を見つけ出し、それに
従ってデータを自動入力する機能です。たとえば、「姓」と「名」が別々に入力
されているときに、姓と名をつなげて表示するには数式や関数が必要ですが、
[フラッシュフィル] を使うと、1件目のデータを入力するだけで残りのデータ
を一瞬で表示します。

① [データ] タブの [フラッシュフィル] をクリック

「山本大地」と入力

こんな時に便利

- 住所録の作成
- 顧客名簿の作成

残りの氏名がまとめて表示される

Question 39 郵便番号から住所を入力する

A 7桁の郵便番号を入力して変換

住所録や顧客名簿などを作成する時は、住所の入力に時間がかかります。郵便番号が分かっていれば、郵便番号から住所に変換できるので、入力時間を大幅に短縮できます。郵便番号は必ず全角の数字で「-」(ハイフン) 付きで入力します。

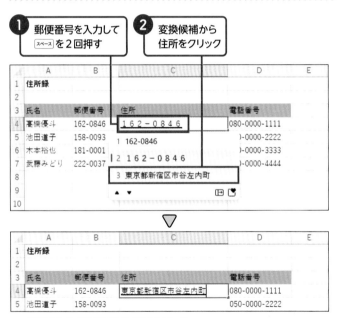

① 郵便番号を入力して スペース を２回押す

② 変換候補から住所をクリック

都道府県と市区町村名が表示される

こんな時に便利

・住所録の作成
・顧客名簿の作成

Chapter

3

セルの編集で困った

セルの操作はExcelの要です。列幅の変更やデータの
コピーが自在に行えるようにしましょう。また、セルに
「名前」を付ける方法とそのメリットを解説します。

40 文字に合わせて セル幅を調整する

A 列番号の右側の境界線をダブルクリック

最初は列幅がすべて「8.38（72ピクセル）」に設定されていますが、後から変更できます。列番号の右側の境界線をドラッグして手動で列幅を変更する方法以外に、境界線をダブルクリックして自動調整する方法があります。自動調整では、列に入力済みの一番長いデータが表示できる列幅に調整されます。

1 いずれかの列番号の右側にマウスポインターを移動してダブルクリック

行番号の下側をダブルクリックすると、行の高さを自動調整できます

1列だけでも自動調整できます

列幅が自動調整される

こんな時に便利

・セルに「###」が表示される

Question 41 列幅や行の高さを まとめて揃える

A 複数の列や行を選択してから列幅を変更

「1月」「2月」「3月」などの同類の項目は、列幅が揃っていたほうが見栄えが上がります。複数の列幅をまとめて変更するには、最初に列番号をドラッグして複数の列を選択してから、列番号の右側の境界線をドラッグします。

1 列幅を変更したい列番号をドラッグ

	A	B	C	D	E
1	ボウリング大会の結果表				
2					
3	氏名	1回目	2回目	合計	
4	佐藤　小陽	95	102	197	
5	田中　未央	112	121	233	
6	東　健太郎	130	125	255	
7	早瀬　陽太	142	129	271	
8	鳥居　優斗	100	105	205	
9	青木　宙	120	129	249	
10	矢部　澪	137	138	275	

2 いずれかの列番号の右側にマウスポインターを移動してドラッグ

	A	B	C	D	E	F
1	ボウリング大会の結果表					
2						
3	氏名	1回目	2回目	合計		
4	佐藤　小陽	95	102	197		
5	田中　未央	112	121	233		
6	東　健太郎	130	125	255		
7	早瀬　陽太	142	129	271		
8	鳥居　優斗	100	105	205		
9	青木　宙	120	129	249		
10	矢部　澪	137	138	275		

選択した列幅を同じ幅にまとめて変更できる

行の高さも同じようにまとめて調整できます

Question 42 変更した行の高さが戻らない場合は

A 〔行の高さの自動調整〕を選ぶ

行の高さは、セルに入力したデータのフォントサイズに合わせて自動的に変化します。ただし、行の高さを手動で変更した後にフォントサイズを変更しても、行の高さは変わりません。このようなときは、[ホーム] タブの [書式] から [行の高さの自動調整] を選びます。

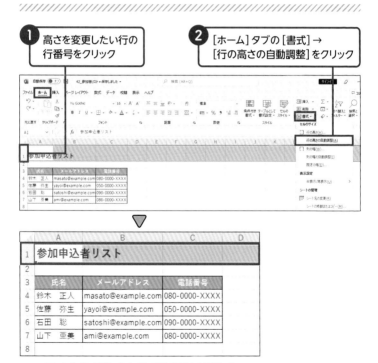

1 高さを変更したい行の行番号をクリック

2 [ホーム] タブの [書式] → [行の高さの自動調整] をクリック

フォントサイズに合わせて行の高さが変わる

Question 43 セルを削除せずに見えなくする

A 隠したい列や行を非表示にする

顧客に見せたくないデータなど、表の中で一時的に隠しておきたいデータは [非表示] にして、折りたたんでおくことができます。隠した列の前後の列番号をドラッグしてから [再表示] を選ぶと、非表示にしたデータをいつでも表示できます。

1 非表示にしたい列番号を右クリックし、[非表示] をクリック

	A	B	C	D		E	F	G
1	Webアプリセミナーリスト				切り取り(T)			
2					コピー(C)			
3	番号	種別	開催日	セミナー	貼り付けのオプション:			
4	1001	会場セミナー	2022/11/1	S101				
5	1002	ライブ配信	2022/11/3	S102	形式を選択して貼り付け(S)...			
6	1003	店頭対応	2022/11/5	S102				
7	1004	会場セミナー	2022/12/5	S101	挿入(I)			
8	1005	店頭対応	2022/12/17	S103	削除(D)			
9	1006	ライブ配信	2022/12/20	S101	数式と値のクリア(N)			
10	1007	ライブ配信	2022/12/24	S102	セルの書式設定(F)...			
11	1008	店頭対応	2022/12/29	S103	列の幅(W)...			
12	1009	店頭対応	2022/12/30	S103	非表示(H)			
13	1010	店頭対応	2022/12/31	S103	再表示(U)			
14								

▽ 列番号がとびとびになる

	A	B	C	E	F	G
1	Webアプリセミナーリスト					
2						
3	番号	種別	開催日	内容		
4	1001	会場セミナー	2022/11/1	アプリ導入講座		
5	1002	ライブ配信	2022/11/3	操作基本編		
6	1003	店頭対応	2022/11/5	操作基本編		
7	1004	会場セミナー	2022/12/5	アプリ導入講座		
8	1005	店頭対応	2022/12/17	操作活用編		
9	1006	ライブ配信	2022/12/20	アプリ導入講座		

列が折りたたまれる

行を非表示にすることもできます

Question

44

表の見出しが
隠れないようにする

A [ウィンドウ枠の固定]で先頭行を固定

縦長の表をスクロールすると、表の先頭にある見出しが画面から隠れてしまい
ます。[ウィンドウ枠の固定]の機能を使うと、見出しの行が常に画面に表示さ
れるように固定できます。このとき、シートの1行目に見出しを入力しておきます。

1 [表示] タブの [ウィンドウ枠の固定] → [先頭行の固定] をクリック

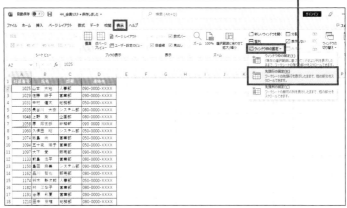

	A	B	C	D
1	社員番号	氏名	部署	連絡先
20	1245	森山 明久	システム部	080-0000-XXXX
21	1252	橋本 健一	総務部	090-0000-XXXX
22	1261	大野 五月	営業部	090-0000-XXXX
23				
24				

1行目の見出し行が常に表示される

見出し行が1行目にないと
きは、見出しの真下のセル
を選択してから[ウィンドウ
枠の固定]を選びます

Question 45 シートの離れた部分を同時に確認する

A [表示]タブの[分割]をクリック

画面に収まらない表の上の方のデータと下の方の計算結果を同時に確認したいときなどは、[表示]タブの[分割]をクリックして、画面を上下2つに分割すると便利です。上下それぞれのウィンドウで別々にスクロールできるので、シートの離れた箇所を同時に表示できます。

> **1** 分割したい箇所の行番号をクリック
> **2** [表示]タブの[分割]をクリック

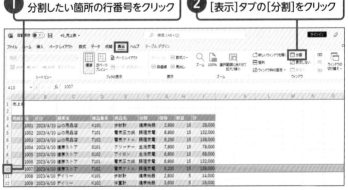

> 分割位置には分割バーが表示される

もう一度[分割]をクリックすると分割を解除できます

上下を別々にスクロールできる

Question
46 複数のセルを1つに
まとめる

A [ホーム] タブの [セルを結合して中央揃え] を クリック

複数の列や行にまたがった見出しは、複数のセルの真ん中に表示すると分かりやすくなります。[ホーム] タブの [セルを結合して中央揃え] をクリックすると、複数のセルを1つにまとめ、セル内のデータを中央に表示します。

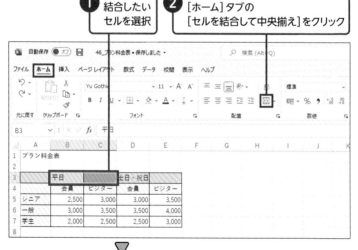

① 結合したい セルを選択

② [ホーム] タブの [セルを結合して中央揃え] をクリック

[セルを結合して中央揃え] をクリックするたびに、セル結合と解除が交互に切り替わります

セルが結合される

Question 47 文字の配置は変えずに結合する

A [セルの結合]を設定

P.70の操作で[セルを結合して中央揃え]を実行すると、結合したセルの中央にデータが表示されます。データの配置を変えずにセルを結合するには、[ホーム]タブの[セルを結合して中央揃え]の▽をクリックし、一覧から[セルの結合]をクリックします。

1 結合したいセルを選択

2 [ホーム]タブの[セルを結合して中央揃え]の▽→[セルの結合]をクリック

	平日		土日・祝日	
	会員	ビジター	会員	ビジター
シニア	2,500	3,000	3,000	3,500
一般	3,000	3,500	3,500	4,000
学生	2,000	2,500	2,500	3,000

プラン料金表

	A	B	C	D	E
1	プラン料金表				
2					
3		平日		土日・祝日	
4		会員	ビジター	会員	ビジター
5	シニア	2,500	3,000	3,000	3,500
6	一般	3,000	3,500	3,500	4,000
7	学生	2,000	2,500	2,500	3,000
8					

文字の位置を変えずに結合される

[セル結合の解除]をクリックするとセルの結合を解除できます

Question 48 あふれた文字をセル内に収める

A 〔縮小して全体を表示〕を設定

列幅からあふれた文字があっても列幅を変更したくない時には、［縮小して全体を表示する］機能を使います。そうすると、列幅に収まるように文字のフォントサイズが自動的に縮小されるため、すべての文字がセル内に表示できます。

1 文字を縮小したい列番号をクリック

2 [ホーム]タブの[配置]グループの [配置の設定]をクリック

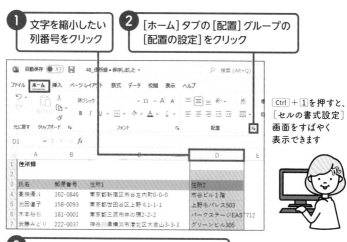

Ctrl + 1 を押すと、〔セルの書式設定〕画面をすばやく表示できます

3 [縮小して全体を表示する]をクリックしてオン

文字が縮小される

4 [OK]をクリック

Question 49 あふれた文字をセル内で折り返す

A [折り返して全体を表示する] を設定

長い文字列がセル内に表示されていると読みにくい場合があります。また、印刷したときにページからあふれてしまうこともあるでしょう。[折り返して全体を表示する] 機能を使うと、列幅からあふれた文字を自動的に改行できます。後から列幅を変更しても、変更後の列幅で文字が折り返されます。

> **1** 文字を折り返したい列番号をクリック

> **2** [ホーム] タブの [配置] グループの [配置の設定] をクリック

[折り返して全体を表示する] をオフにすると、設定を解除できます

> **3** [折り返して全体を表示する] をクリックしてオン

C列の幅で文字が改行される

> **4** [OK] をクリック

離れた位置にあるセル範囲を同時に選択する

A [Ctrl] を押しながら離れたセルをドラッグ

最初に複数のセルを選択しておくと、書式の設定やデータの削除をまとめて実行できるため、効率的に作業できます。離れたセルをまとめて選択するには、2つ目以降のセルやセル範囲を [Ctrl] を押しながらクリック、またはドラッグします。

① 1つめのセル範囲をドラッグ

▲	A	B	C	D	E	F	G	H
1	店舗別四半期受注数							
2								
3	店舗名	Q1	Q2	上期	Q3	Q4	下期	合計
4	本店	362	380	742	421	524	945	1,687
5	駅前店	286	274	560	296	352	648	1,208
6	大通り店	241	234	475	235	395	630	1,105
7								

② [Ctrl] を押しながら2つ目のセル範囲をドラッグ

▲	A	B	C	D	E	F	G	H
1	店舗別四半期受注数							
2								
3	店舗名	Q1	Q2	上期	Q3	Q4	下期	合計
4	本店	362	380	742	421	524	945	1,687
5	駅前店	286	274	560	296	352	648	1,208
6	大通り店	241	234	475	235	395	630	1,105
7								

複数の範囲が選択できる

Question 51 表を一瞬で選択する

A [Ctrl] + [Shift] + ✳ を押す

表全体を選択するときに、マウスでドラッグ中に思いがけずシートの下の方までドラッグしてしまうことがあります。ショートカットキーの [Ctrl] + [Shift] + ✳ を使うと、一瞬で表全体を選択できます。

1 表内の任意のセルをクリック　**2** [Ctrl] + [Shift] + ✳ を押す

	A	B	C	D
1	商品一覧			
2				
3	**商品名**	**発表日**	**発表年**	
4	美味しい紅茶	1995/8/1	1995	
5	美味しい緑茶	2003/3/15	2003	
6	すっきりウーロン茶	2018/10/1	2018	
7	すっきり麦茶	2022/5/15	2022	
8				

▽

	A	B	C	D
1	商品一覧			
2				
3	**商品名**	**発表日**	**発表年**	
4	美味しい紅茶	1995/8/1	1995	
5	美味しい緑茶	2003/3/15	2003	
6	すっきりウーロン茶	2018/10/1	2018	
7	すっきり麦茶	2022/5/15	2022	
8				

表全体が選択される

表の範囲は自動で判別されるのでうまくいかないこともあります

Question 52 空白のセルだけを すばやく選択する

A [選択オプション] 画面で [空白セル] を指定

表内の空白セルにまとめて斜線を引いたり、セルに色を付けたりするときに、空白セルをひとつずつ探すのは時間がかかります。[選択オプション] 画面で [空白セル] を指定すると、空白セルがまとめて選択されます。この状態で書式を付けると、空白セルに同時に設定できます。

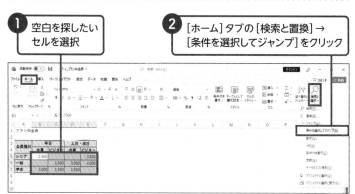

① 空白を探したい セルを選択

② [ホーム] タブの [検索と置換] → [条件を選択してジャンプ] をクリック

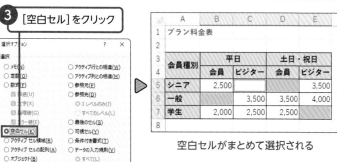

③ [空白セル] をクリック

④ [OK] をクリック

空白セルがまとめて選択される

Question 53 行単位や列単位でデータを移動する

A Shift を押しながら移動先へドラッグ

行や列の順番を後から移動する方法はいくつかありますが、マウスで移動する操作を覚えておくと便利です。移動元の行番号や列番号を選択して枠線にマウスポインターを移動し、マウスポインターが ⊹ に変わった状態で、Shift を押しながら移動先までドラッグします。

❶ 移動元の列番号をクリック

	A	B	C	D
1	散歩コースリスト			
2				
3	コース名	距離	所要時間	目的地
4	桜コース	2km	30分	緑公園
5	蓬コース	3km	45分	桜駅
6	光コース	4km	60分	光公園
7				

❷ 列番号以外の枠線にマウスポインターを移動する

❸ ⊹ の状態で Shift を押しながら移動先にドラッグ

	B:B	B	C	D
1	散歩コースリスト			
2				
3	コース名	距離	所要時間	目的地
4	桜コース	2km	30分	緑公園
5	蓬コース	3km	45分	桜駅
6	光コース	4km	60分	光公園
7				

	A	B	C	D	E	F
1	散歩コースリスト					
2						
3	コース名	目的地	距離	所要時間		
4	桜コース	緑公園	2km	30分		
5	蓬コース	桜駅	3km	45分		
6	光コース	光公園	4km	60分		
7						

「目的地」の列がB列に移動する

手順❸でドラッグすると、移動先を示す線が表示されます

手順❷で Shift を押さないとセルの内容が上書きされます

列幅を保持したまま
表をコピーする

A [元の列幅を保持] の形式で貼り付け

表をコピーすると、コピー先の列幅で表示されます。元の列幅のままコピーするには、貼り付けを実行する際に [元の列幅を保持] を選びます。[ホーム] タブの [貼り付け] の⌄をクリックしたときに表示される絵柄にマウスポインターを移動し、ボタンの名前をしっかり確認しましょう。

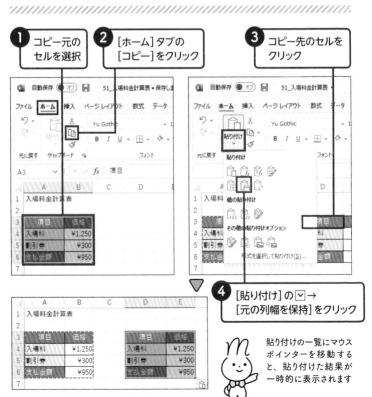

① コピー元の
　セルを選択

② [ホーム] タブの
　[コピー] をクリック

③ コピー先のセルを
　クリック

④ [貼り付け] の⌄→
　[元の列幅を保持] をクリック

貼り付けの一覧にマウスポインターを移動すると、貼り付けた結果が一時的に表示されます

元の列幅のまま貼り付けられる

Question 55 計算結果だけをコピーする

A [値] の形式で貼り付け

数式を入力したセルをコピーすると、計算結果がコピーされるのではなく、数式そのものがコピーされます。そのため、元の数値を修正すると、コピー先のデータも連動して変わります。数式ではなく計算結果だけをコピーするには、貼り付けを実行する際に [値] を選びます。

1 数式を入力したセルを選択

2 [ホーム] タブの [コピー] をクリック

3 コピー先のセルをクリック

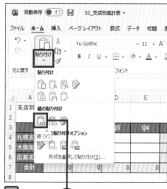

4 [貼り付け] の ☑ → [値] をクリック

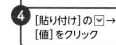

数式バーを見ると、数式が入力されていないことがわかります

	A	B	C	D	E	F
1	支店別集計表					
2						
3		Q1	Q2	Q3	Q4	合計
4	札幌支店	7,588,600				7,588,600
5	大阪支店	5,980,800				5,980,800
6	広島支店	5,884,500				5,884,500
7	合計	19,453,900	0	0	0	19,453,900
8						

計算結果だけが貼り付けられる

Question 56 表の行と列を入れ替える

A [行/列の入れ替え]形式で貼り付け

作成した表の行と列を丸ごと入れ替えるには、表全体をコピーしてから、貼り付けを実行する際に[行/列の入れ替え]を選びます。元の表が不要な場合は、行と列を入れ替えた表がコピーできてから削除します。

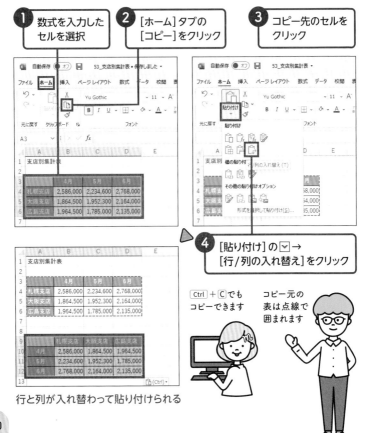

行と列が入れ替わって貼り付けられる

Question 57 既存の表に別表のデータを挿入する

A [コピーしたセルの挿入]をクリック

作成済みの表のデータを再利用できれば、データ入力の効率がアップします。別表の一部のデータを作成中の表にコピーするには、最初に別表のデータをコピーします。次に、作成中の表の挿入位置を右クリックし、表示されるメニューから[コピーしたセルの挿入]を選びます。

1 コピー元の行番号を選択

2 [ホーム]タブの[コピー]をクリック

3 挿入位置の行番号を右クリック

4 [コピーしたセルの挿入]をクリック

別表のデータを挿入できる

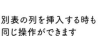

別表の列を挿入する時も同じ操作ができます

Question 58 文字間の不要なスペースを まとめて削除する

A 〔置換〕機能を使ってスペースを削除

「氏名」の「姓」と「名」の間にスペースがあったりなかったりすると、後からデータを集計したり計算したりするときに支障が出る場合があります。[置換] 機能を使うと、文字の間にあるスペースをまとめて削除できます。ここでは、B列の「姓」と「名」の間のスペースを削除します。

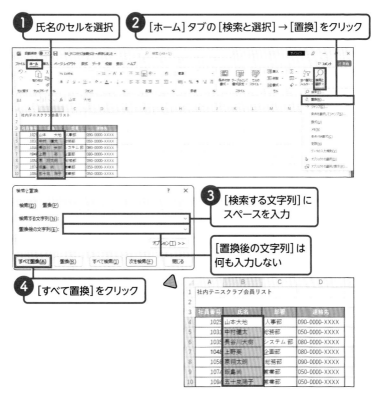

1 氏名のセルを選択

2 [ホーム] タブの [検索と選択] → [置換] をクリック

3 [検索する文字列] にスペースを入力

[置換後の文字列] は何も入力しない

4 [すべて置換] をクリック

	A	B	C	D
1	社内テニスクラブ会員リスト			
2				
3	社員番号	氏名	部署	連絡先
4	1025	山本大地	人事部	090-0000-XXXX
5	1031	中村健太	総務部	050-0000-XXXX
6	1035	長谷川大樹	システム部	080-0000-XXXX
7	1048	上野葵	企画部	080-0000-XXXX
8	1058	恵翔太朗	総務部	090-0000-XXXX
9	1074	飯島尚	営業部	050-0000-XXXX
10	1094	五十嵐陽子	営業部	050-0000-XXXX

「姓」と「名」の空白をまとめて削除できる

Question 59 セル内の改行をまとめて削除する

A [置換] 機能を使って改行を削除

Alt + Enter を押してセル内で改行すると、目には見えない改行コードが入力されます。改行を削除して1行表示の状態に戻すには [置換] 機能を使います。[検索する文字列] で Ctrl + J を押すと、画面上には見えない改行コードが入力されます。

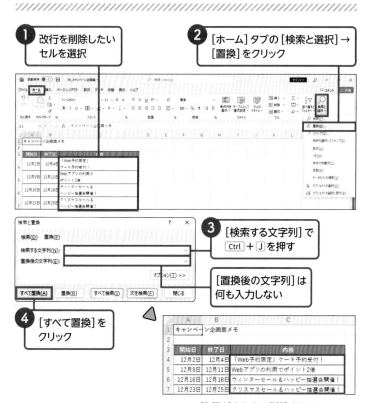

改行がまとめて削除される

よく使うセル範囲を かんたんに選択する

A セル範囲に［名前］を付ける

セル番地は行番号と列番号の組み合わせで表しますが、特定のセルやセル範囲に任意の名前を付けることができます。名前は数式でも利用できるため、セル番地よりも数式の内容が分かりやすくなる利点があります。名前は数式バーの左側にある［名前ボックス］で指定します。

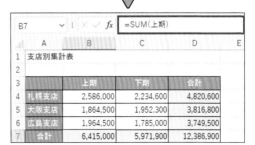

① 名前を付けたい セルを選択

② ［名前ボックス］をクリックし、「上期」と入力して Enter を押す

上期	: × ✓ fx	2586000		
	A	B	C	D	E
1	支店別集計表			
2				
3		上期	下期	合計
4	札幌支店	2,586,000	2,234,600	4,820,600
5	大阪支店	1,864,500	1,952,300	3,816,800
6	広島支店	1,964,500	1,785,000	3,749,500
7	合計	6,415,000	5,971,900	12,386,900

名前が登録される

▽

B7	✓ : × ✓ fx	=SUM(上期)		
	A	B	C	D	E
1	支店別集計表			
2				
3		上期	下期	合計
4	札幌支店	2,586,000	2,234,600	4,820,600
5	大阪支店	1,864,500	1,952,300	3,816,800
6	広島支店	1,964,500	1,785,000	3,749,500
7	合計	6,415,000	5,971,900	12,386,900

数式に名前を使うこともできる

Question 61 セル範囲に付けた名前を確認する

A [名前ボックス]から名前をクリック

P.84の操作で付けた名前は、[名前ボックス]で確認できます。[名前ボックス]の ☑ をクリックすると、シートに設定済みの名前の一覧が表示されます。名前をクリックすると、該当するセルやセル範囲が選択された状態になります。

名前を付けたセルやセル範囲は自動で絶対参照になります

1 [名前ボックス]の ☑ →「下期」をクリック

A1		fx	支店別集計表	
下期		B	C	D
広島				
札幌	表			
上期		上期	下期	合計
大阪		2,586,000	2,234,600	4,820,600
5	大阪支店	1,864,500	1,952,300	3,816,800
6	広島支店	1,964,500	1,785,000	3,749,500
7	合計	6,415,000	5,971,900	12,386,900
8				

▽

下期		fx	2234600	
	A	B	C	D
1	支店別集計表			
2				
3		上期	下期	合計
4	札幌支店	2,586,000	2,234,600	4,820,600
5	大阪支店	1,864,500	1,952,300	3,816,800
6	広島支店	1,964,500	1,785,000	3,749,500
7	合計	6,415,000	5,971,900	12,386,900
8				

「下期」の名前で登録されたセル範囲が選択される

P.86の[名前の管理]画面でも確認できます

こんな時に便利

- 数式の作成
- 絶対参照を使った数式

セル範囲に付けた名前を削除する

A [数式]タブの[名前の管理]をクリック

P.84の操作で付けた名前が不要になった時は、[数式]タブの[名前の管理]をクリックして開く[名前の管理]画面で削除します。[名前の管理]画面では、名前を削除するだけでなく、名前の追加や登録済みの名前の編集を行うことができます。

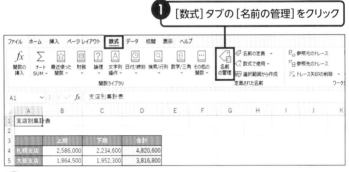

① [数式]タブの[名前の管理]をクリック

② 削除したい名前をクリック

③ [削除]をクリック

④ [閉じる]をクリック

名前が削除される

Chapter

4

セルの書式設定で困った

セルに入力したデータの"見せ方"を設定するのが「書式」です。Excelに用意されている書式を利用する方法と、オリジナルの書式を設定する方法を覚えましょう。書式を使いこなして、データを自在に表示できるようにします。

Question

63 書式だけをコピーする

A ［書式のコピー/貼り付け］を実行

セルに複数の書式（フォント、フォントサイズ、フォントの色、罫線など）を設定しているときに、同じ書式を他のセルにひとつずつ設定するのは時間がかかります。［ホーム］タブの［書式のコピー/貼り付け］機能を使うと、セルの書式だけをコピーできます。マウスポインターが刷毛の付いた形状に変化するのがポイントです。

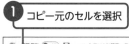
コピー元のセルを選択

Ctrl + Shift + C で
書式をコピーできます

［ホーム］タブの［書式のコピー/
貼り付け］をクリック

Ctrl + Shift + V で
書式を貼り付けること
もできます

コピー先のセルをクリック

マウスポインターが刷毛の形になる　　　セルの書式だけをコピーできる

Question

64 書式だけを削除する

A [書式のクリア] を実行

[ホーム] タブの [クリア] から [書式のクリア] を実行すると、セルに設定済みの複数の書式をまとめて削除できるため、書式をひとつずつ解除する手間を省けます。

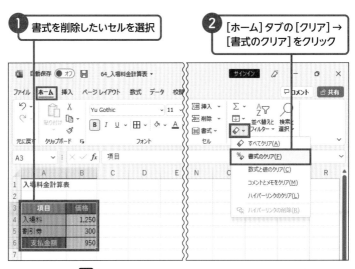

① 書式を削除したいセルを選択

② [ホーム] タブの [クリア] →
[書式のクリア] をクリック

すべての書式が削除される

[すべてクリア] をクリックすると書式とデータをまとめて削除できます

Question

65 既定のフォントを変更する

A [Excelのオプション]画面で基本設定を変更

Excelでは、セルにデータを入力したときに「游ゴシック」のフォントで表示されるように設定されています。使うフォントが決まっている場合は、[Excelのオプション]画面でフォントの基本設定を変更します。変更した結果は、作業中のブックだけでなく、これ以降に作成するすべてのブックに反映されます。

① [ファイル]タブの[その他のオプション]→
[オプション]をクリック

② [全般]→[次を既定のフォントとして使用]の
▼をクリックしてフォントを選ぶ

③ [OK]をクリック

既定フォントを変更できる

[フォントサイズ]から既定のフォントサイズも変更できます

Question 66 表に横罫線だけを引く

A [セルの書式設定] 画面の [罫線] タブで設定

表全体に格子の罫線を引くと、罫線ばかりが目立ってしまう場合があります。このような時は、縦罫線を引かずに横罫線だけにするとすっきりします。[セルの書式設定] 画面の [罫線] タブでは、罫線の種類や色、罫線を引く場所を個別に設定できます。

1 罫線を引きたいセルを選択

2 [ホーム] タブの [罫線] の ✓→ [その他の罫線] をクリック

3 [罫線] の中段と下段をクリック

4 [OK] をクリック

手順**3**で [罫線] の線をクリックするたびに、設定と解除が交互に切り替わります

	A	B	C	D	E
1	備品購入メモ				
2					
3	商品名	価格	数量	計	
4	ノート	150	5	750	
5	ラベル	350	3	1,050	
6	ペン	100	2	200	
7	合計		10	2,000	
8					

罫線が反映される

Question

67 セルに斜線を引く

A [セルの書式設定] 画面の [罫線] タブで設定

表の見出しが交わるセルや、データがないセルに斜線を引くことがあります。セルに斜線を引くには、[セルの書式設定] 画面の [罫線] タブで斜線を選びます。プレビューで斜線の状態を確認するといいでしょう。

① 斜線を引きたいセルを選択し、Ctrl + 1 を押す

② [罫線] タブをクリック

③ [罫線] の中から斜線をクリック

④ [OK] をクリック

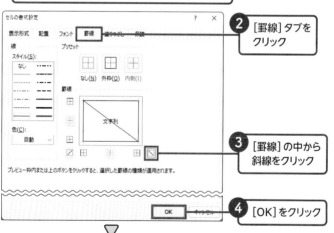

	価格	数量	計
ノート	150	5	750
ラベル	350	3	1,050
ペン	100	2	200
合計		10	2,000

斜線が引かれる

[ホーム] タブの [罫線] → [その他の罫線] をクリックする方法もあります

Question 68 セル内の文字を均等に配置する

A [セルの書式設定] 画面で [均等割り付け (インデント)] を設定

セル内の文字の配置は [ホーム] タブの [左揃え] [中央揃え] [右揃え] をクリックして変更できます。セルの左端から右端までに文字を均等に配置したいときは、[セルの書式設定] 画面で [横位置] を [均等割り付け (インデント)] に変更します。

Chapter 4

1 文字の配置を変更したいセルを選択し、Ctrl + 1 を押す

2 [配置] タブの [横位置] で [均等割り付け (インデント)] を選択し、[OK] をクリック

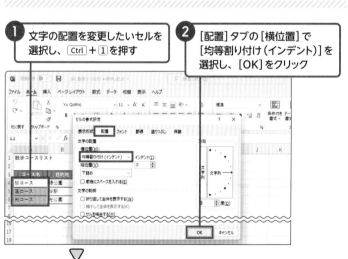

設定後に列幅を変更しても、常に均等に配置されます

[ホーム] タブの [配置] グループの [配置の設定] からも設定できます

文字が均等に配置される

Question 69 数値が右寄せにならない場合は

A 〔表示形式〕を〔標準〕に変更

セルにデータを入力すると、数値はセルの右揃え、文字はセルの左揃えで表示されます。ただし、数値に[数値]の表示形式が設定されていると、セルの右端にスペースが入って右揃えになりません。このようなときは、数値の表示形式を[標準]に変更します。

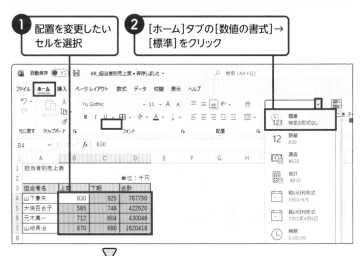

① 配置を変更したいセルを選択

② [ホーム]タブの[数値の書式]→[標準]をクリック

[ホーム]タブの〔桁区切りスタイル〕や〔通貨表示形式〕をクリックしても数値がセルの右に揃います

数値が右揃えになる

Question 70 セルの左端に文字が くっつかないようにする

A [ホーム]タブの[インデントを増やす]をクリック

階層のある項目を入力したときには、文字の先頭位置を右にずらすことで階層関係が明確になります。[ホーム]タブの[インデントを増やす]をクリックするたびに、文字の先頭位置が右にずれます。反対に[インデントを減らす]をクリックするたびに、文字の先頭位置が左に戻ります。

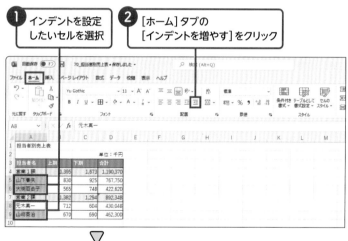

❶ インデントを設定 したいセルを選択

❷ [ホーム]タブの [インデントを増やす]をクリック

担当者名	上期	下期	合計
営業1課	1,395	1,673	1,190,370
山下春夫	830	925	767,750
大橋百合子	565	748	422,620
営業2課	1,382	1,294	892,348
元木真一	712	604	430,048
山崎英治	670	690	462,300

単位:千円

文字の先頭位置が右にずれる

こんな時に便利

・階層のある表

71 文字を縦書きにする

A [方向]を[縦書き]に変更

[ホーム]タブの[方向]機能を使うと、セル内の文字を後から縦書きに変更できます。複数行にまたがる項目を縦書きにすると、横書きの時よりも列幅を狭めて表示できます。

① 縦書きにしたい
セルを選択

② [ホーム]タブの[方向]→
[縦書き]をクリック

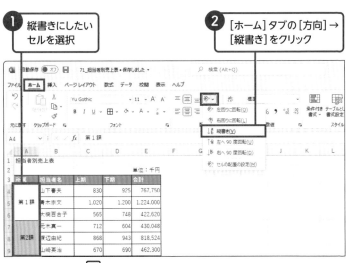

縦書きに変更できたら、
A列の列幅を狭めます

組み合わせ

・セルの結合 → P.70

・列幅の変更 → P.64, 65

文字が縦書きで表示される

Question 72 漢字にふりがなを振る

A [ふりがなの表示 / 非表示]をクリック

氏名などの漢字のふりがなをセル内に表示するには、[ホーム]タブの[ふりがなの表示/非表示]をクリックします。ふりがなは、漢字を変換した際の「読み」がそのまま表示されます。ふりがなを修正する場合は、[ふりがなの表示/非表示]の▽をクリックし、一覧から[ふりがなの編集]を選びます。

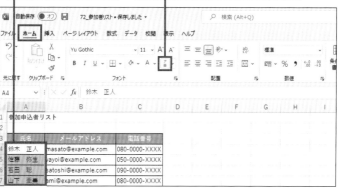

① ふりがなを表示したいセルを選択

② [ホーム]タブの[ふりがなの表示/非表示]をクリック

セル内にふりがなが表示される

P.200の操作でPHONETIC関数を使うと、別のセルにふりがなを表示できます

73 日付の表示形式を変更する

A [セルの書式設定]画面で日付の[種類]を指定

「3/14」や「3-14」のように「/」(スラッシュ)や「-」(ハイフン)で区切って入力した日付は、最初は「3月14日」の形式で表示されます。数式バーを見ると、「2023/3/14」と表示され、西暦が自動的に付与されていることがわかります。和暦や英語表記など、後から日付の表示形式を変更するには、[セルの書式設定]画面で日付の見せ方を指定します。

1 日付の表示形式を変更したいセルを選択し、[Ctrl]+[1]を押す

2 [表示形式]タブの[日付]をクリック

3 [種類]の一覧から変更したい種類をクリックして[OK]をクリック

日付	予定
2023年2月6日	満演会
2023年2月7日	
2023年2月8日	木曜日
2023年2月9日	ヨガ教室
2023年2月10日	
2023年2月11日	
2023年2月12日	太極拳教室

日付の表示形式が変わる

日付の表示形式を変更しても、数式バーの内容は変わりません

こんな時に便利

- カレンダーの作成
- 予定表の作成
- 見積書や請求書の作成

Question 74 「年 / 月」が英語で 表示されたら

A [数値の書式]から[短い日付形式]をクリック

セルの日付が英語表記になっているのは、日付の表示形式が変更されているためです。日付の表示形式を変更する方法はいくつかありますが、[ホーム]タブの[数値の書式]から[短い日付形式]や[長い日付形式]をクリックするのがかんたんなんです。

① 英語の日付のセルを選択

② [ホーム]タブの[数値の書式]→[短い日付形式]をクリック

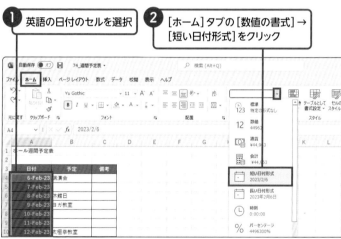

[セルの書式設定]画面で日付の[種類]を変更する方法もあります

日付の表記が変わる

Question

75 数値に通貨記号を付ける

A [通貨表示形式]をクリック

数値には、金額や個数、点数、温度などいろいろな種類があります。数値が金額であることを示すには、[通貨表示形式]を設定するといいでしょう。そうすると、「¥」記号と位取りのカンマが同時に付きます。なお、[標準]を設定（P.99参照）すると元の表示形式に戻ります。

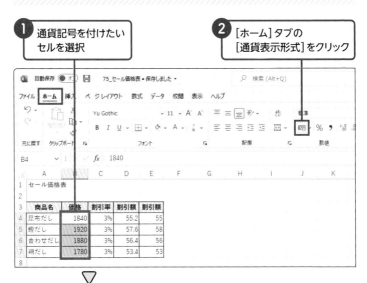

1 通貨記号を付けたいセルを選択

2 [ホーム] タブの [通貨表示形式] をクリック

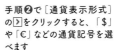

手順**2**で［通貨表示形式］の ▷ をクリックすると、「$」や「€」などの通貨記号を選べます

数値に「¥」と「,」が付く

Question 76 数値の「0」を表示する

A ［ユーザー定義書式］で「000」と設定

P.47では、文字列として入力すると「001」と入力したときに「0」が表示できることを解説しました。しかし、この方法で入力すると計算することができません。数値データのまま、「0」が表示されるようにするには、表示形式のひとつである［ユーザー定義書式］を設定します。

1 「0」を表示したいセルを選択し、Ctrl + 1 を押す

2 ［表示形式］タブの ［ユーザー定義］をクリック

3 ［種類］欄に「000」と入力して ［OK］をクリック

▽

商品番号	商品名	価格	数量	計
001	ノート	150	5	750
002	ラベル	350	3	1,050
003	ペン	100	2	200
			合計	2,000

先頭の「0」が表示されるようになる

「0」は書式記号のひとつで、1桁の数字を示します

指定した0の桁数だけ常に0が表示されます

Question 77 小数点以下の桁数を指定する

A 〔小数点以下の表示桁数を増やす〕をクリック

計算結果に小数点付以下の数値が表示されたときは、後から小数点以下の桁数を増やしたり減らしたりできます。[ホーム] タブの [小数点以下の表示桁数を増やす] や [小数点以下の表示桁数を減らす] をクリックすると、表示桁数の次の位の数値を四捨五入して表示します。

1 桁数を指定したいセルを選択

2 [ホーム] タブの [小数点以下の表示桁数を増やす] をクリック

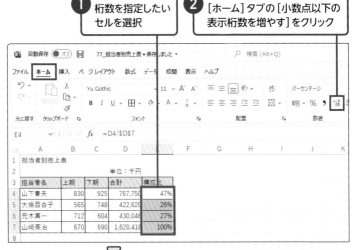

[小数点以下の表示桁数を増やす] をクリックするごとに小数点以下の桁数が増えます

小数第1位まで表示される

Question 78 数値に「E＋」と表示されたら

A ［数値の書式］から［数値］をクリック

セルに数値を入力したときに「E＋」と表示されるのは、桁数が多すぎることが原因です。Excelでは、セルの表示形式が［標準］の場合に、数値の桁数が12桁以上になると「E＋」が表示されます。表示形式を［数値］に変更すると、正しく表示できます。

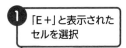
① 「E＋」と表示された セルを選択

② ［ホーム］タブの［数値の書式］→ ［数値］をクリック

数値が正しく表示される

Excelでは［数値］の 有効桁数が15桁です

16桁目からは数値が 「0」に置き換わります

Question

79 入力した日付に曜日を 表示する

A ［ユーザー定義書式］で「aaa」と設定

予定表などを作成する時に、日付と曜日を両方入力するのは時間がかかります。セルに入力した日付には年月日の情報だけでなく曜日の情報も含まれるため、日付の表示形式を変更するだけで日付から曜日の情報を取り出して表示できます。「（aaa）」と指定すれば、（水）のように括弧付きで表示することも可能です。

1 曜日を表示したいセルを選択し、 Ctrl + 1 を押す

2 ［表示形式］タブの ［ユーザー定義］をクリック

3 ［種類］欄に「aaa」と入力して ［OK］をクリック

▽

日付	曜日	予定	備考
2月6日	月	房演会	
2月7日	火		
2月8日	水	木曜日	
2月9日	木	ヨガ教室	
2月10日	金		
2月11日	土		
2月12日	日	太極拳教室	

日付が曜日に変わる

書式記号	曜日
aaa	水
aaaa	水曜日
ddd	Wed
dddd	Wednesday

曜日を表示する書式記号は左のとおりです

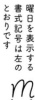

Question 80 計算に影響しない単位を表示する

A [ユーザー定義書式]で単位を指定

「5本」や「100円」などの単位を付けて入力すると、文字列になるため計算することができません。計算できる数値のまま単位を表示するには、[ユーザー定義書式]でオリジナルの書式を登録します。セルに入力した数値はそのままで、数値の見せ方だけを変更できます。

1 単位を付けたいセルを選択し、Ctrl + 1 を押す

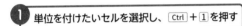
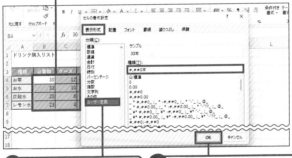

2 [表示形式]タブの [ユーザー定義]をクリック

3 [種類]欄に「#,##0本」と入力して [OK]をクリック

数式バーには数値だけが表示される

	A	B	C	D
1	ドリンク購入リスト			
2				
3	種類	必要数	ケース	余り
4	お茶	30本	12本	6本
5	お水	33本	10本	3本
6	炭酸水	20本	6本	2本
7	レモン水	23本	4本	3本

数値のままで単位が付く

「#」は書式記号のひとつで、1桁の数字を示します

マイナスの数値に
△記号を付ける

A [ユーザー定義書式]で負の値の書式を設定

セルに[桁区切りスタイル]や[通貨表示形式]の表示形式が設定されていると、マイナスの数値は「-」（マイナス）記号付きの赤字で表示されます。「-」の代わりに「△」を表示するには、[ユーザー定義書式]でオリジナルの書式を登録します。「△」は帳簿などでマイナスを示す記号です。

1 △を付けたいセルを選択し、Ctrl + 1 を押す

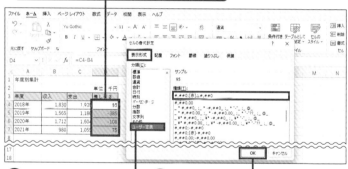

2 [表示形式]タブの
[ユーザー定義]をクリック

3 [種類]欄に「#,##0; [赤] △#,##0」
と入力して[OK]をクリック

3	年度	収入	支出	差し引き
4	2018年	1,830	1,925	95
5	2019年	1,565	1,180	△385
6	2020年	1,712	1,604	△108
7	2021年	980	1,055	75

マイナスの数値の前に△が表示される

正の値の書式の後に「;」（セミコロン）で区切って負の値の書式を指定します

Question 82 数値の小数点の位置を揃える

A [ユーザー定義書式]で 小数点以下の桁数を設定

数値の小数点以下の桁数がばらばらの時に、小数点の位置を揃えて表示できます。[ユーザー定義書式]の[種類]に「0.??」と入力すると、「?」の部分に小数点以下の数値が表示されます。「?」は小数点以下の桁数を示す記号で、「?」の数だけ小数点以下の数値が表示されます。

① 小数点の位置を揃えたいセルを選択し、Ctrl + 1 を押す

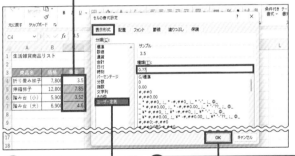

② [表示形式]タブの [ユーザー定義]をクリック

③ [種類]欄に「0.??」と入力して [OK]をクリック

商品名	価格	重量
折り畳み梯子	7,800	3.5
伸縮梯子	12,800	7.85
踏み台（小）	5,900	3.52
踏み台（大）	6,900	4.6

小数点の位置が揃う

「0.??」を設定しても、「3.5」が「3.50」と表示されるわけではありません

83 数値を千単位で表示する

A ［ユーザー定義書式］で「#,##0,」と設定

数値の桁数が大きいと数値が読みづらくなります。数値を千単位で表示するには、［ユーザー定義書式］の［種類］に「#,##0,」と指定します。「#,##0」で位取りのカンマを付ける指定を行い、最後の「,」（カンマ）で千単位で表示する指定を行います。数値を千単位で表示したときは、表に「単位：千円」などの情報を補足しましょう。

1 千単位で表示したいセルを選択し、Ctrl + 1 を押す

2 ［表示形式］タブの［ユーザー定義］をクリック

3 ［種類］欄に「#,##0,」と入力して［OK］をクリック

「#,##0,,」と指定すると百万単位で表示できます

数値は千単位で四捨五入されます

数値が千単位で表示される

Question 84 特定の文字だけ書式を付ける

A [条件付き書式]の[文字列]で 条件と書式を指定

表の中で特定の文字を目立たせるには[条件付き書式]を指定します。条件に書式を付けたい文字を指定し、書式に条件を満たしたときの書式を指定すると、条件に指定した文字を含むセルに書式が付くので、見落としを防げます。

Chapter 4

1 書式を付けたい列番号を選択

2 [ホーム]タブの[条件付き書式]→ [セルの強調表示ルール]→[文字列]をクリック

3 「総務部」と入力して、[書式]を選択

文字列

次の文字列を含むセルを書式設定:

| 総務部 | 書式: 濃い赤の文字、明るい赤の背景 |

OK キャンセル

4 [OK]をクリック

手順**3**で[書式]の⌄をクリックすると、書式の一覧が表示されます

「総務部」のセルに色が付く

109

Question 85 条件に一致するセルに書式を付ける

A [条件付き書式]の[文字列]で条件と書式を指定

「○○より大きいセル」とか「○○より小さいセル」というように、条件を満たしたセルに書式を付けて目立たせることができます。[条件付き書式]の[セルの強調表示ルール]には、[指定の値より大きい]や[指定の範囲内]など、よく使う条件のパターンが用意されています。

① 書式を付けたいセルを選択

② [ホーム]タブの[条件付き書式]→[セルの強調表示ルール]→[指定の値より大きい]をクリック

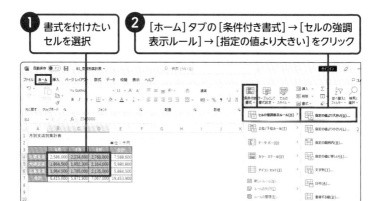

③ 「2000000」と入力して[書式]を選択

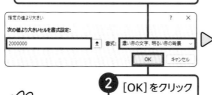

② [OK]をクリック

「○○以上」「○○以下」は[その他のルール]をクリックすると表示される[新しい書式ルール]画面で指定できます

条件を満たしたセルに色が付く

Question 86 日曜日の行全体に色を付ける

A [条件付き書式]で[新しいルール]を設定

[条件付き書式]の機能を使うと、条件を満たしたセルだけでなく、その行全体に書式を付けることもできます。カレンダーや予定表で土曜日の行を青、日曜日の行を赤にするには、[条件付き書式]の[新しいルール]を選んで、条件を数式で指定します。

1 書式を付けたいセルを選択

2 [ホーム]タブの[条件付き書式]→[新しいルール]をクリック

3 [数式を使用して、書式設定するセルを決定]をクリックし、「=$B4="日"」と入力

4 [書式]をクリックし、書式を指定して[OK]をクリック

B列が日曜日の行全体に色が付く

土曜日の行に色を付けるときは、手順**3**で「=$B4="土"」と入力します

Question
87

数値の大きさに合わせて ミニグラフを表示する

A [条件付き書式]で[データバー]を設定

数値の大きさを示すバーをセル内に表示すると、バーの長さを見るだけで数値の大小を判断できます。[条件付き書式]の[データバー]の機能を使うと、わざわざグラフを作成しなくても、数値のセルをドラッグするだけで簡易的な棒グラフを表示できます。

1 データバーを表示したいセルを選択

2 [ホーム]タブの[条件付き書式]→[データバー]からデータバーの種類をクリック

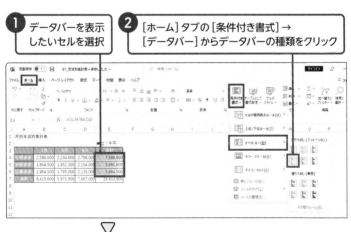

	A	B	C	D	E
1	月別支店別集計表				
2					単位:千円
3		4月	5月	6月	合計
4	札幌支店	2,586,000	2,234,600	2,768,000	7,588,600
5	大阪支店	1,864,500	1,952,300	2,164,000	5,980,800
6	広島支店	1,964,500	1,785,000	2,135,000	5,884,500
7	合計	6,415,000	5,971,900	7,067,000	19,453,900
8					

セル内にデータバーが表示される

バーの長さは、セルに入力した最小値と最大値を元に自動的に決まります

Chapter

5

印刷で困った

ワークシートには用紙の概念がないので、イメージど
おりに印刷できないことがあります。用紙や余白のサ
イズ、ページの区切り位置などを上手に設定し、見
やすい印刷物になるようにしましょう。

Question 88 総ページ数を付けて印刷する

A [ページ番号]と[総ページ数]を組みあわせる

印刷が複数ページにわたる場合は、用紙の下部（フッター）にページ番号を付けて印刷するといいでしょう。[挿入]タブの[ヘッダーとフッター]をクリックすると、[ヘッダーやフッター]タブが表示され、[ページ番号]と[総ページ数]を組みあわせて、「1/3」のようなページ番号を付けられます。

1 [挿入]タブの[テキスト]→[ヘッダーとフッター]をクリック

2 [ヘッダーとフッター]タブの[フッターに移動]をクリック

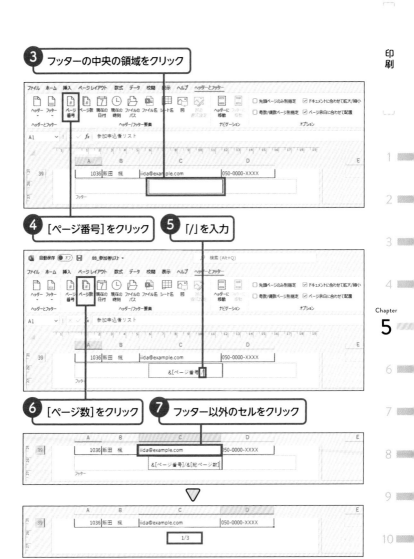

3 フッターの中央の領域をクリック

4 [ページ番号]をクリック **5** 「/」を入力

6 [ページ数]をクリック **7** フッター以外のセルをクリック

&[ページ番号]/&[総ページ数]

1/3

ページ番号/総ページ数が表示される

通常の画面に戻るには、[表示]タブの[標準]をクリックします

組み合わせ

- 先頭ページ番号 → P.116
- 改ページ → P.122
- 印刷タイトル → P.123

89 先頭のページ番号を「1」以外にする

A ［ページ設定］画面で［先頭ページ番号］を指定

ページ番号を付けたシートを印刷すると、ページ番号は必ず「1」から振られます。別々のシートやブックに分けて作成した表を印刷したときに、ページ番号がつながるようにするには、［ページ設定］画面で［先頭ページ番号］を指定します。

1 ［ページレイアウト］タブの［ページ設定］グループの［ページ設定］をクリック

2 ［先頭ページ番号］を入力

3 ［OK］をクリック

指定した数字から番号が振られる

組み合わせ

- フッターの設定 → **P.114**
- 改ページ → **P.122**
- 印刷タイトル → **P.123**

最初に、P.114の操作でページ番号を挿入しておきます

Question 90 印刷イメージを見ながら はみだしを調整する

A 〔表示〕タブの「改ページプレビュー」をクリック

大きな表を印刷するときに、どの部分が用紙からはみ出すのかを画面で見ながら調整できると便利です。[改ページプレビュー]画面に切り替えると、用紙の区切りを示す青い線が表示され、線をドラッグしてはみだしを調整できます。

1 [表示] タブの [改ページプレビュー] をクリック

ページの区切りを示す

△

H列が用紙からはみ出している

改ページプレビュー画面に切り替わる

2 青い点線にマウスポインターを移動してH列の右側にドラッグ

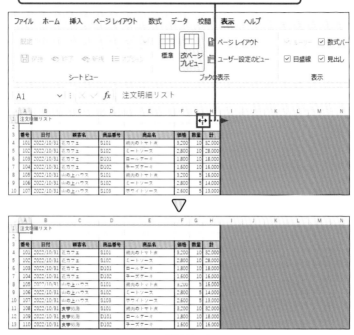

H列までが用紙に収まる

行の間にある青い点線を上下にドラッグしても改ページ位置を変更できる

	A	B	C	D		E	F	G	H	I	J	K	L	M	N
37	134	2023/1/31	花カフェ	D102		チーズケーキ	1,600	15	24,000						
38	135	2023/1/31	山の上ハウス	S101		鶏肉のトマト煮	3,200	5	16,000						
39	136	2023/1/31	山の上ハウス	S102		ミートソース	2,800	5	14,000						
40	137	2023/1/31	山の上ハウス	S103		ホワイトソース	2,600	5	13,000						
41	138	2023/1/31	食事処海	S101		鶏肉のトマト煮	3,200	10	32,000						
42	139	2023/1/31	食事処海	D101		ロールケーキ	1,800	10	18,000						
43	140	2023/1/31	食事処海	D102		チーズケーキ	1,600	10	16,000						
44	141	2023/2/28	花カフェ	S101		鶏肉のトマト煮	3,200	15	48,000						
45	142	2023/2/28	花カフェ	S102		ミートソース	2,800	15	42,000						
46	143	2023/2/28	花カフェ	D101		ロールケーキ	1,800	15	27,000						
47	144	2023/2/28	花カフェ	D102		チーズケーキ	1,600	15	24,000						
48	145	2023/2/28	山の上ハウス	S101		鶏肉のトマト煮	3,200	5	16,000						
49	146	2023/2/28	山の上ハウス	S102		ミートソース	2,800	5	14,000						

通常の画面に戻るには、
[表示]タブの[標準]
をクリックします

118

Question 91 余白を減らして印刷する

A [ページレイアウト] タブの [余白] をクリック

シートを印刷すると、自動的に用紙の上下左右に余白が付きます。余白を減らしたい・増やしたいときは、[ページレイアウト] タブの [余白] をクリックします。余白のサイズは [標準] [広い] [狭い] の3種類あり、クリックするだけで余白の大きさを変更できます。

1 [ページレイアウト] タブの [余白] → [狭い] をクリック

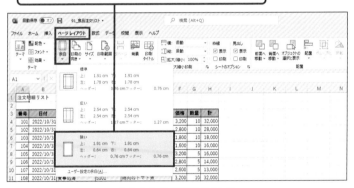

余白の大きさが変更される

こんな時に便利

- ほんの少し用紙からはみ出る

もっと余白を減らしたいときは、P.120の操作で極限まで余白を狭くします

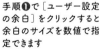

手順❶で [ユーザー設定の余白] をクリックすると余白のサイズを数値で指定できます

92 極限まで余白を狭くする

A 〔印刷〕画面で余白をドラッグして調整

P.119の操作で余白を狭くしてもある程度の余白が残ります。用紙の端ぎりぎりまで印刷したいときは、[印刷] 画面の印刷イメージに余白の位置を示す線を表示し、その点線を用紙の端までドラッグします。

1 [ファイル]タブの [印刷] をクリック

2 [余白の表示] をクリック

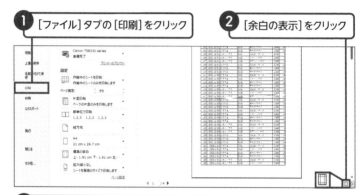

3 余白を示す線をドラッグすると大きさを変更できる

上下には線が2本あります。内側の線が余白を調整する線です

余白を示す線が表示される

Question 93 表を用紙の中央に印刷する

A [ページ中央]の[水平]と[垂直]をオン

表を印刷すると、用紙の左上を基点として印刷されます。用紙の中央に印刷したいときは、[ページ設定]画面の[余白]タブで、[ページ中央]の[水平]と[垂直]をそれぞれオンにします。

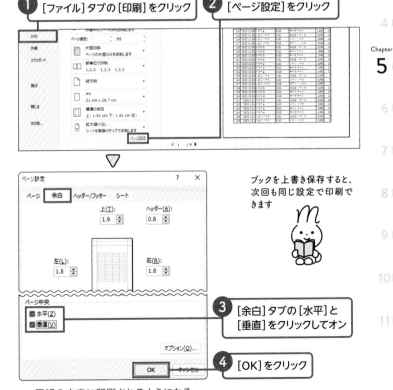

1 [ファイル]タブの[印刷]をクリック

2 [ページ設定]をクリック

ブックを上書き保存すると、次回も同じ設定で印刷できます

3 [余白]タブの[水平]と[垂直]をクリックしてオン

4 [OK]をクリック

用紙の中央に印刷されるようになる

Question 94 区切りのよいところで改ページする

A [ページレイアウト] タブの [改ページ] をクリック

複数ページにわたる印刷では、日付や項目などの区切りのいい位置で改ページされていたほうが見やすくなります。意図しない位置で改ページされてしまう場合は、強制的に改ページを挿入します。

1 行番号を選択

2 [ページレイアウト] タブの [改ページ] → [改ページの挿入] をクリック

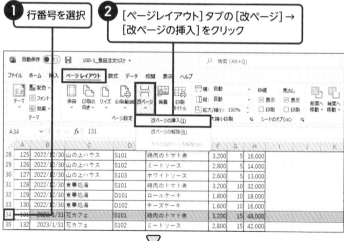

改ページは手順❶で [改ページの解除] をクリックして削除できます

行番号の上に改ページを示す線が表示される

改ページ位置を調整するにはP.117の [改ページプレビュー] 画面を使います

Question 95 すべてのページに表の見出しを入れて印刷する

A [ページ設定印刷] 画面で [印刷タイトル] を設定

大きな表を印刷すると、表の見出しは1ページ目だけにしか印刷されません。どのページにも表の見出しが印刷されるようにするには、[印刷タイトル]を設定します。[タイトル行]を設定すると表の上端の見出し、[タイトル列]を設定すると表の左端の見出しをすべてのページに印刷できます。

1 [ページレイアウト]タブの[印刷タイトル]をクリック

2 [タイトル行]欄をクリックし、シートの見出しの行番号をクリック

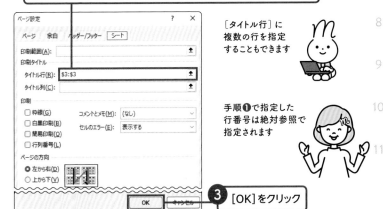

[タイトル行]に複数の行を指定することもできます

手順❶で指定した行番号は絶対参照で指定されます

3 [OK]をクリック

印刷物に見出しが常に表示される

Question

96 指定した範囲だけを 印刷する

A ［ページレイアウト］タブの ［印刷範囲の設定］をクリック

複数の表の一方だけを印刷する場合や、表の一部を印刷する場合は、印刷を実行する前に印刷したいセル範囲を設定します。［ページレイアウト］タブの［印刷範囲の設定］を設定すると、ブックと共に情報が保存されるので、次回からは印刷を実行するだけで常に同じ範囲を印刷できます。

1 印刷したいセルを選択し、［ページレイアウト］タブの ［印刷範囲］→［印刷範囲の設定］をクリック

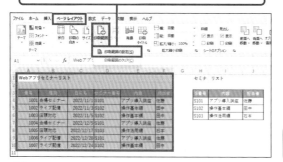

セルを選択して［印刷］画面の［作業中のシートを印刷］を［選択した部分を印刷］に変更する方法もあります。この場合印刷範囲は保存されません

2 ［ファイル］タブの［印刷］をクリックして印刷イメージを確認

設定した範囲のみが表示される

Question 97 はみ出した表を1ページに収めて印刷する

A [印刷]画面で[シートを1ページに印刷]を設定

作成した表を強制的に1ページに収めて印刷するには、[印刷]画面で[シートを1ページに印刷]を設定します。そうすると、自動的に1ページに収まるように縮小されます。ただし、文字が小さくなって読みづらくなる場合があるので注意しましょう。

1 [ファイル]タブの[印刷]をクリック

2 [拡大縮小なし]を[シートを1ページに印刷]に変更

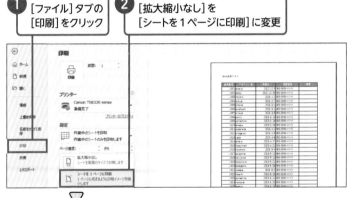

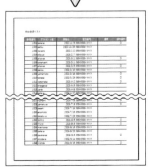

表が1ページに収まる

Ctrl + P を押すと瞬時に[印刷]画面を開くことができます

組み合わせ

- 余白 → P.119
- 余白の表示 → P.120

Question

98 表の横幅だけを1ページに収めて印刷する

A [印刷] 画面で [すべての列を1ページに印刷] に設定

縦長の表をP.125の操作で強制的に1ページに収めて印刷すると、文字がかなり小さくなります。このような時は、表の横幅だけが1ページに収まるように設定するといいでしょう。表の見出しが1ページに収まっていれば、複数ページにわたる印刷も読みやすくなります。

1 [ファイル] タブの [印刷] をクリック

2 [拡大縮小なし] を [すべての列を1ページに印刷] に変更

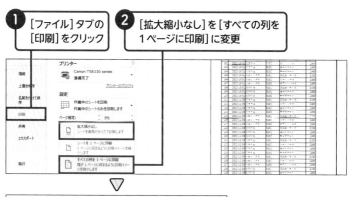

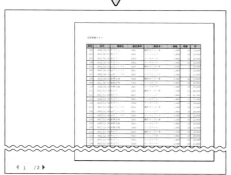

横長の表を印刷するときは用紙の方向を [横方向] にしておきましょう

表の列だけが1ページに収まる

Question 99 小さい表を拡大して印刷する

A [ページレイアウト]タブの[拡大/縮小]率を指定

印刷時に表を大きく印刷するには、[ページレイアウト]タブの[拡大縮小印刷]の拡大率や縮小率を指定します。表を拡大したり縮小したりして印刷しても、シートに作成した表そのものの大きさが変わるわけではありません。

1 [ページレイアウト]タブで[拡大/縮小]の数値を指定

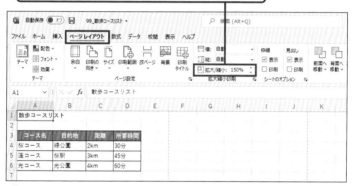

2 [ファイル]タブの[印刷]をクリックして、印刷イメージを確認

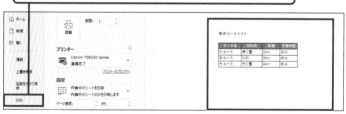

表を拡大して印刷できる

さらに倍率を調整したいときは、[印刷]画面の[ページ設定]をクリックします

Question 100 複数のシートを同時に印刷する

A [印刷]画面で[ブック全体を印刷]を設定

印刷はシートごとに実行されます。そのため、1つのブックに複数のシートがあるときは、シートごとに複数回に分けて印刷することになります。ブックに含まれるシートを連続して印刷するには、[印刷]画面で[ブック全体を印刷]を設定します。

① [ファイル]タブの [印刷]をクリック

② [作業中のシートを印刷]を [ブック全体を印刷]に変更

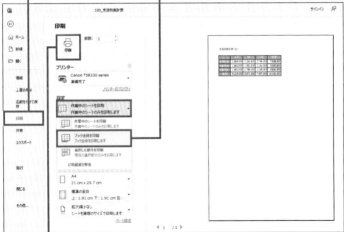

③ [印刷]をクリック

ブック内のシートがすべて印刷される

Ctrl を押しながら印刷したいシート見出しをクリックして印刷すると、選択したシートだけが印刷されます

101 用紙の両面に印刷する

A [印刷]画面で[両面印刷]を設定

両面印刷に対応しているプリンターであれば、両面印刷が可能です。両面印刷ができれば用紙枚数を減らすことができ、用紙の節約にも繋がります。プリンター側とExcel側でそれぞれ両面印刷の設定を行います。

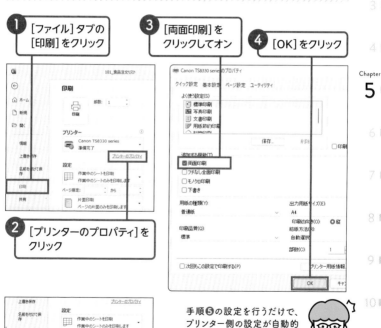

1 [ファイル]タブの[印刷]をクリック

3 [両面印刷]をクリックしてオン

4 [OK]をクリック

2 [プリンターのプロパティ]をクリック

手順**5**の設定を行うだけで、プリンター側の設定が自動的に変更される場合もあります

5 [片面印刷]をクリックして[両面印刷]をクリック

両面印刷が設定される

102 使いたい用紙が表示されない場合は

A プリンターによって使える用紙サイズが異なる

Excelでは、最初はA4サイズの用紙に印刷するように設定されています。B4サイズやA3サイズなどの大きな用紙に表を拡大して印刷したいと思っても、[印刷] 画面で目的の用紙サイズが表示されないことがあります。これは、パソコンに接続しているプリンターが対応している用紙サイズだけが表示されるからです。

1 [ファイル] タブの [印刷] をクリック

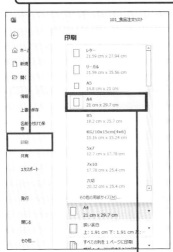

2 [A4] をクリックして使用したい用紙サイズをクリック

プリンターに対応した用紙サイズの一覧が表示される

[ページレイアウト] タブの [サイズ] から用紙サイズを選ぶこともできる

Question 103 白黒印刷でもグラフの色を見分けさせる

A [ページ設定]画面で[白黒印刷]をオン

色を付けたセルや色で塗り分けたグラフをモノクロプリンターで印刷すると、色の区別がつかないことがあります。白黒印刷でも色の違いを分かりやすくするには、[ページ設定]画面で[白黒印刷]をオンにします。なお、セルに付けた色や文字の色はすべて白黒になります。

1 [ページレイアウト]タブの[ページ設定]グループの[ページ設定]をクリック

2 [シート]タブの[白黒印刷]をクリックしてオン

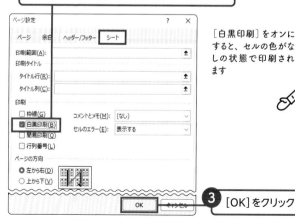

[白黒印刷]をオンにすると、セルの色がなしの状態で印刷されます

3 [OK]をクリック

白黒で印刷される

Excelでは画面で
見たまま印刷されない

作成した表を印刷すると、画面では見えている文字が欠けてしまうことがあります。これを防ぐには、印刷イメージで文字の欠けを確認して修正します。セルの右側の縦線ぎりぎりに表示されている文字やセルの下側の横線ぎりぎりに表示されている文字があれば、列幅や行の高さを広げてセルの右側や下側に余裕を持たせます。

	A	B	C	D	E	F	G	H	I	J	K
1	Webアプリセミナーリスト							セミナーリスト			
2											
3	番号	種別	日にち	セミナー番号	内容	担当者		S番号	内容	担当者	
4	1001	会場セミナー	2022/11/1	S101	アプリ導入講座	佐藤		S101	アプリ導入講座	佐藤	
5	1002	ライブ配信	2022/11/3	S102	操作基本編	田中		S102	操作基本編	田中	
6	1003	店頭対応	2022/11/5	S102	操作基本編	田中		S103	操作活用編	石本	
7	1004	会場セミナー	2022/12/5	S101	アプリ導入講座	佐藤					
8	1005	店頭対応	2022/12/17	S103	操作活用編	石本					
9	1006	ライブ配信	2022/12/20	S101	アプリ導入講座	佐藤					
10	1007	ライブ配信	2022/12/24	S102	操作基本編	田中					
11											

画面上は日付がすべて表示されている

[ファイル]タブの[印刷]をクリックして
印刷イメージを表示

Webアプリセミナーリスト

番号	種別	日にち	セミナー番号	内容	担当者
1001	会場セミナー	2022/11/1	S101	アプリ導入講座	佐藤
1002	ライブ配信	2022/11/3	S102	操作基本編	田中
1003	店頭対応	2022/11/5	S102	操作基本編	田中
1004	会場セミナー	2022/12/5	S101	アプリ導入講座	佐藤
1005	店頭対応	########	S103	操作活用編	石本
1006	ライブ配信	########	S101	アプリ導入講座	佐藤
1007	ライブ配信	########	S102	操作基本編	田中

日付の一部が「#」記号になる

Chapter

6

数式で困った

表計算アプリのExcelは計算が得意です。計算の基本である四則演算の作り方や数式の修正方法、数式を手際よくコピーする方法を覚えましょう。

104 Excelで四則演算の計算をする

A 「=」を入力してから数式を入力

四則演算でも関数でも、数式は必ず「=」(イコール) で始めるのがルールです。「=」の後に「+」「-」「*」「/」などの演算記号を使って数式を組み立てます。足し算と引き算よりも掛け算と割り算を優先したり、括弧の部分を先に計算したりするなどのルールは、算数と同じです。

値を使った数式

$$= (100 - 20) * 5$$

セル参照を使った数式

$$= (B2 - C2) * E1$$

四則演算の記号は以下のとおりです。

記号	記号の名称	意味	優先順位
+	プラス	足し算	4
-	マイナス	引き算	4
*	アスタリスク	掛け算	3
/	スラッシュ	割り算	3
%	パーセント	パーセンテージ	1
^	キャレット	累乗	2

数式で使う記号はすべて半角で入力します

Excelでは優先順位の高い演算子が先に計算されます。同じ場合は左から計算します

Question 105 セル参照で計算する

A 計算対象のセルをクリックしながら数式を作る

セル参照を使って数式を作成すると、元の数値が変わっても自動的に計算結果が再計算され、数式を作り直す手間が省けます。数式内でセルを参照するときには、数式を作成する過程で計算したいセルをクリックします。すると、参照先のセル番地が数式に表示されます。

相対参照

数式をコピーしたときに、コピー先に合わせて自動的に行番号や列番号がずれる参照方法を「相対参照」と呼びます。

1 計算結果を表示するセルを選択し、「=」を入力

	A	B	C	D	E	F
1	売上構成比					
2						
3	商品名	上期	下期	金額	割合	
4	生活雑貨	364,230	382,100	=		
5	旅行用品	115,750	68,450			
6	収納用品	297,620	337,820			

2 計算対象のセルをクリック **3 演算子を入力**

	A	B	C	D	E	F
1	売上構成比					
2						
3	商品名	上期	下期	金額	割合	
4	生活雑貨	364,230	382,100	=B4+C4		
5	旅行用品	115,750	68,450			
6	収納用品	297,620	337,820			

4 計算対象のセルをクリックして Enter を押す

手順❷でセルをクリックすると「相対参照」になります

135

絶対参照

数式をコピーしても、セル番地がずれないようにする参照方法を「絶対参照」と呼びます。 F4 を押してセル番地に「$」記号を付けると、絶対参照になります。

1 計算結果を表示するセルを選択し、「=」を入力

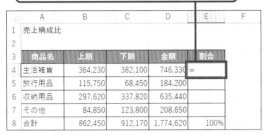

参照するセルはキーボードで直接入力することもできます

2 計算対象のセルをクリック **3** 演算子を入力

	A	B	C	D	E	F
1	売上構成比					
2						
3	商品名	上期	下期	金額	割合	
4	生活雑貨	364,230	382,100	746,330	=D4/D8	
5	旅行用品	115,750	68,450	184,200		
6	収納用品	297,620	337,820	635,440		
7	その他	84,850	123,800	208,650		
8	合計	862,450	912,170	1,774,620	100%	

4 計算対象のセルをクリック

5 F4 を押す **6** Enter を押す

手順**5**で F4 を押すたびに、「絶対参照」→「複合参照」→「相対参照」の順に変化します（P.148参照）

	A	B	C	D	E	F
1	売上構成比					
2						
3	商品名	上期	下期	金額	割合	
4	生活雑貨	364,230	382,100	746,330	=D4/$D$8	
5	旅行用品	115,750	68,450	184,200		
6	収納用品	297,620	337,820	635,440		
7	その他	84,850	123,800	208,650		
8	合計	862,450	912,170	1,774,620	100%	

Question
106 数式をコピーする

A 数式が入ったセルの ■（フィルハンドル）を ドラッグ

数式は、セルの右下の ■（フィルハンドル）をドラッグするだけでコピーできます。数式をコピーすると、コピー先のセルに合わせて自動的に行番号や列番号が補正されるので、数式をひとつずつ修正する必要がありません。

① コピー元のセルを選択し、右下の ■ にマウスポインターを移動

	A	B	C	D
1	注文リスト			
2				
3	商品名	価格	数量	金額
4	野菜バーガー	350	3	1,050
5	肉バーガー	420	2	
6	海老バーガー	480	5	
7	魚バーガー	450	4	
8				

② ＋の状態でコピー先までドラッグ

数式がコピーされている

	A	B	C	D
1	注文リスト			
2				
3	商品名	価格	数量	金額
4	野菜バーガー	350	3	1,050
5	肉バーガー	420	2	840
6	海老バーガー	480	5	2,400
7	魚バーガー	450	4	1,800
8				

各行の計算結果が表示される

コピー元とコピー先の数式は次のとおりです。

セル	数式
D4セル（コピー元）	= B4 * C4
D5セル	= B5 * C5
D6セル	= B6 * C6
D7セル	= B7 * C7

縦方向にコピーすると、行番号が1行ずつずれてコピーされます

Question
107 もっとかんたんに 数式をコピーする

A 数式が入ったセルの ■（フィルハンドル）を ダブルクリック

何十行も何百行もある大きな表では、P.137のようにドラッグ操作で数式を
コピーするのは大変です。コピー元のセルの右下にある ■（フィルハンドル）
をダブルクリックすると、瞬時に最終行まで数式をコピーできます。

1 右下の ■ にマウスポインターを移動

	A	B	C	D	E
1	注文リスト				
2					
3	商品名	価格	数量	金額	
4	野菜バーガー	350	3	1,050	
5	肉バーガー	420	2		
6	海老バーガー	480	5		
7	魚バーガー	450	4		
8					

2 ＋の状態で ダブルクリック

数式を入力したセルの左側の
列にデータが入力されていな
いと、ダブルクリックしても数
式をコピーできません

▽

数式がコピーされている

	A	B	C	D	E
1	注文リスト				
2					
3	商品名	価格	数量	金額	
4	野菜バーガー	350	3	1,050	
5	肉バーガー	420	2	840	
6	海老バーガー	480	5	2,400	
7	魚バーガー	450	4	1,800	
8					

数式を最終行までコピーできる

こんな時に便利

・大きな表

Question 108 コピーした数式が エラーになったら

A セル番地を固定したいセルを絶対参照に指定

数式をコピーしたときにエラーが表示される原因はいくつかありますが、コピー先でセル番地がずれることも原因のひとつです。数式をコピーしてもセル番地がずれないようにするには、固定したいセルを絶対参照に指定します。

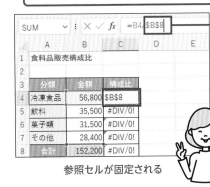

総合計のB8セルが1行ずつずれている

C5	: × ✓ *fx*	=B5/B9		
	A	B	C	D	E
1	食料品販売構成比				
2					
3	分類	金額	構成比		
4	冷凍食品	56,800	37%		
5	飲料	35,⚠00	#DIV/0!		
6	菓子類	31,500	#DIV/0!		
7	その他	28,400	#DIV/0!		
8	合計	152,200	#DIV/0!		

「構成比」の数式をコピーするとエラーが表示される

こんな時に便利

・構成比の計算

1 1つ目の数式を選択し、数式バーで「B8」を選択

SUM	: × ✓ *fx*	=B4/$B$8		
	A	B	C	D	E
1	食料品販売構成比				
2					
3	分類	金額	構成比		
4	冷凍食品	56,800	$B$8		
5	飲料	35,500	#DIV/0!		
6	菓子類	31,500	#DIV/0!		
7	その他	28,400	#DIV/0!		
8	合計	152,200	#DIV/0!		

参照セルが固定される

2 F4 を押し、絶対参照になったら Enter を押す

3 改めて数式をコピー

F4 を押すごとに、「$B$8」→「B$8」→「$B8」→「B8」→のように「$」記号の付き方が変化します

109 数式の参照元を確認する

A [数式] タブの [参照元のトレース] をクリック

数式の内容は数式バーで確認できますが、数式内で参照しているセルを頭の中で組み立てなければなりません。[参照元のトレース] の機能を使うと、数式と数式の元のセルの間に矢印の線が表示されるので、セル参照を"見える化"できます。

1 セルを選択して [数式] タブの [参照元のトレース] をクリック

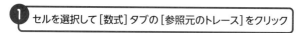

2 続けて [参照元のトレース] をクリック

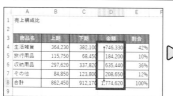

参照元のセルから線が表示される

さらに参照元のセルから線が表示される

トレースの線を消すには
[トレース矢印の削除] をクリックします

Question 110 数式の参照範囲を変更する

A 数式バーをクリックしてから参照先を修正

数式のセル参照が間違っていたときは、部分的に修正すると早いです。数式バーをクリックすると、数式のセル参照に使ったセルに色付きの枠が表示されるので、どこが間違っていたかを確認しやすくなります。この状態で外枠をドラッグして移動すると、セル参照の位置を変更できます。

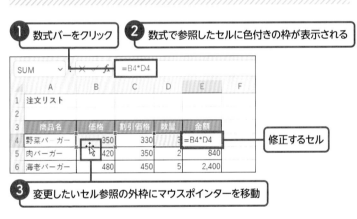

1 数式バーをクリック

2 数式で参照したセルに色付きの枠が表示される

修正するセル

3 変更したいセル参照の外枠にマウスポインターを移動

4 ✥ の状態で、正しい参照先のセルにドラッグ

数式が修正できる

111 配列数式を使って計算する

A [Ctrl] + [Shift] + [Enter] で数式を入力

配列数式を使うと、複数のセルをまとめて計算できるため、数式をコピーする必要がありません。配列数式を作るときは、最初に結果を表示したいセル範囲を選択してから数式を作成します。最後に [Ctrl] + [Shift] + [Enter] を押すと、最初に選択したセル範囲にまとめて計算結果が表示されます。

1 計算結果を表示したいセルを選択

2 数式を作成して [Ctrl] + [Shift] + [Enter] を押す

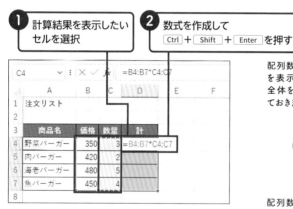

配列数式では、結果を表示するセル範囲全体を最初に選択しておきます

計算結果を表示するセル範囲を選択

配列数式の前後には自動的に半角の {} が付与されます

計算結果がまとめて表示される

Question 112 スピル機能を使って計算する

A セル範囲を使って数式を作成

Excel 2021やMicrosoft 365に搭載された[スピル]機能を使うと、1つのセルに入力した数式が隣接するセルに自動的にあふれ、複数のセルにまとめて計算結果が表示されます。数式のコピーや配列数式を使わなくても、短時間で複数のセルに計算結果を表示できます。

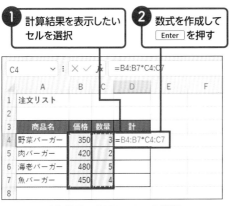

1 計算結果を表示したい セルを選択

2 数式を作成して Enter を押す

C4		✓ : × ✓ fx	=B4:B7*C4:C7		
	A	B	C	D	E	F
1	注文リスト					
2						
3	商品名	価格	数量	計		
4	野菜バーガー	350	3	=B4:B7*C4:C7		
5	肉バーガー	420	2			
6	海老バーガー	480	5			
7	魚バーガー	450	4			
8						

計算結果を表示するセルを選択

スピル機能を使うときは、手順**2**で複数のセル範囲を指定して数式を作成するのがポイントです

スピル機能であふれたセルの数式バーには、灰色の数式が入っています。これは「ゴースト」と呼ばれるもので、実際に数式が入力されているわけではありません

D5		✓ : × ✓ fx	=B4:B7*C4:C7		
	A	B	C	D	E	F
1	注文リスト					
2						
3	商品名	価格	数量	計		
4	野菜バーガー	350	3	1,050		
5	肉バーガー	420	2	840		
6	海老バーガー	480	5	2,400		
7	魚バーガー	450	4	1,800		
8						

計算結果が表示される

下の行のセルにも数式の値として入力される

ほかのシートのセルを
参照する

A 数式の作成途中でシートを切り替えて
セルを参照する

ほかのシートのセルの値を使って数式を組み立てるときは、数式の作成途中で
シートを切り替えて目的のセルを選択するだけです。ほかのシートのセルを参
照することを「外部参照」と呼び、「シート名！セル番地」の形式で表示されます。

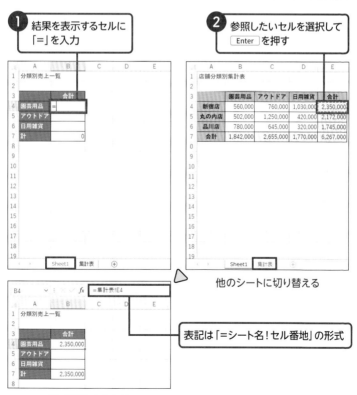

① 結果を表示するセルに
「=」を入力

② 参照したいセルを選択して
Enter を押す

他のシートに切り替える

表記は「=シート名！セル番地」の形式

数式が入力される

Question 114 数式を作らずに結果だけを表示する

A セル範囲を選択してステータスバーを見る

合計や平均などを一時的に計算したいときは、[オートカルク] 機能を使うと便利です。計算元のセル範囲をドラッグするだけで、画面下のステータスバーの領域に「平均」「データの個数」「合計」の計算結果が表示されます。

1 計算したいセル範囲を選択

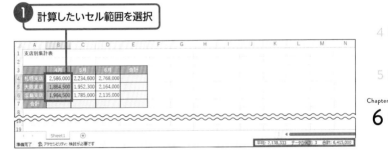

「平均」「データの個数」「合計」が表示される

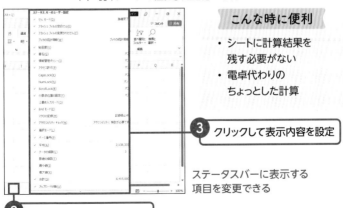

こんな時に便利

- シートに計算結果を残す必要がない
- 電卓代わりのちょっとした計算

3 クリックして表示内容を設定

ステータスバーに表示する項目を変更できる

2 ステータスバーを右クリック

Question
115 数式を作らずに
集計表を作る

A [データ] タブの [小計] をクリック

[小計] 機能を使うと、指定した項目ごとの合計や平均などを数式を組み立てずに集計できます。[小計] 機能を実行する前に、日付ごとの集計なのか顧客ごとの集計なのか、集計したい項目ごとにデータを並べ替えておく必要があります。

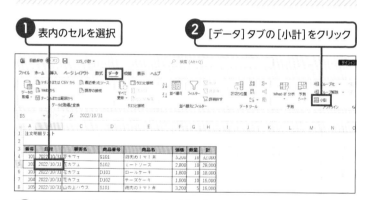

1 表内のセルを選択

2 [データ] タブの [小計] をクリック

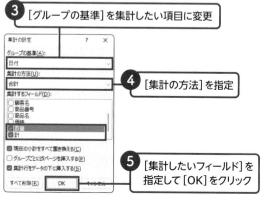

3 [グループの基準] を集計したい項目に変更

4 [集計の方法] を指定

5 [集計したいフィールド] を指定して [OK] をクリック

手順❸で指定した項目ごとに集計できた

集計した行だけを表示する

1 アウトラインの ２ をクリック

アウトラインの「3」を
クリックすると、元の
集計表に戻ります

集計結果の行だけが表示される

こんな時に便利

・並べ替え

集計表を削除するには、
手順❸の〔集計の設定〕
画面で、〔すべて削除〕
をクリックします

Column

「相対参照」「絶対参照」
「複合参照」を使い分ける

数式内で他のセルを参照する方法は次の3種類です。 F4 を押すたびに、「絶対参照」→「複合参照（行のみ固定）」→「複合参照（列のみ固定）」→「相対参照」の順番で切り替わります。

① 相対参照

通常の参照方式。
数式をコピーすると、コピー先に合わせて行や列がずれる。

② 絶対参照

行と列を両方とも固定する参照方式。
絶対参照のセルはコピーしてもセル番地がずれない。

③ 複合参照

行、または列のどちらかだけを固定する参照方式。
数式を行方向にも列方向にもコピーする場合に使う。P.109の「条件付き書式」でも利用する。

C6	⌄ : × ✓ _fx_	=$C$2+$B6+C$5		
	A	B	C	D	E
1					
2	基本料金		¥30,000		
3					
4	部屋のグレード		ツイン	デラックスツイン	オーシャンビュー
5	食事		¥0	¥5,000	¥10,000
6	なし	¥0	¥30,000	¥35,000	¥40,000
7	あり	¥15,000	¥45,000	¥50,000	¥55,000
8					

C6セルに複合参照の数式を入力すると、
右方向と下方向にコピーできる

Chapter

7

関数で困った

関数は、決められた書式どおりに入力しないとエラー
になります。この章では、SUM関数の便利な使い方や、
ビジネスでよく使われる関数の書式の使い方を解説し
ます。

関数の見方を知る

A 決められた書式に沿って入力

関数とは、あらかじめExcelに用意されている数式のことです。Excelでは合計や平均といったよく使う関数以外にも、ローン計算や偏差値を求める関数など、400以上の関数が用意されています。関数には決められた書式があり、書式に沿って入力します。例えば、合計を計算するSUM（サム）関数は、「=」の後に関数名を入力し、続く括弧の中に合計するセル範囲を指定します。括弧の中に指定する内容のことを「引数（ひきすう）」と呼びます。

関数の例

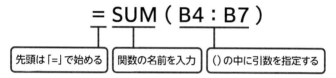

$$= SUM（B4：B7）$$

| 先頭は「=」で始める | 関数の名前を入力 | ()の中に引数を指定する |

▲	A	B	C
1	10		
2	20		
3	30		
4	40		
5	= A1+A2+A3+A4		
6			

四則演算で
セルをひとつずつ足すのは面倒

▲	A	B	C
1	10		
2	20		
3	30		
4	40		
5	=SUM(A1:A4)		
6			

SUM関数を使って
合計を求めたほうがかんたん

Question
117 関数を入力する

A 直接入力や［関数の挿入］画面を使う

関数を入力するには、セルに直接入力する方法と［関数の挿入］画面を使う方法があります。頻繁に使う関数は直接入力する方が早いですが、引数の指定方法などが不安な場合は、［関数の挿入］画面を開いて、関数入力をサポートする機能を利用するといいでしょう。

直接入力

計算結果を表示するセルを選択して
関数を手入力

［関数の挿入］を使う

1 計算結果を表示するセルを選択し、［関数の挿入］をクリック

4 引数を指定して［OK］をクリック

2 ［関数の分類］を選ぶ

3 ［関数名］を選んで［OK］をクリック

Question

118 合計をかんたんに求める

A 〔ホーム〕タブの〔合計〕をクリック

合計を求めるSUM関数は使用頻度が高いので、直接入力や[関数の挿入]画面を使わなくても、もっとかんたんに入力できます。[ホーム]タブの[合計]をクリックすると、引数に指定するセル範囲を認識してSUM関数が自動表示されます。

1 計算結果を表示するセルを選択　　**2** [ホーム]タブの[合計]をクリック

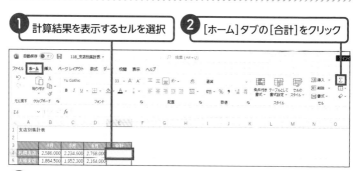

3 内容を確認して Enter を押す

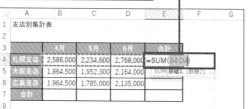

SUM関数の書式は「=SUM（合計したいセルやセル範囲）」です

SUM関数が自動表示される

引数が間違って表示されたときは、正しいセル範囲をドラッグし直します

Question 119 縦横の合計をまとめて求める

A 数値と計算結果を表示するセルを選択して [合計] をクリック

表の縦横の合計を求めるには、縦の合計を求めてからコピー、横の合計を求めてからコピーという手順が必要です。最初に、計算の元になる数値のセルと、計算結果を表示するセルをまとめて選択してから [合計] をクリックすると、縦横の合計が一度に表示されます。

1 数値と計算結果を表示するセルを選択

2 [ホーム]タブの[合計]をクリック

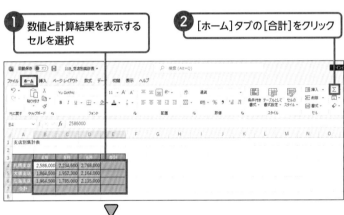

縦横の合計が表示される

Question 120 連続していないセルの 合計を求める

A [Ctrl] を押しながらセルをクリックして引数を指定

[ホーム]タブの[合計]をクリックすると、計算結果を表示するセルに隣接する連続したセルが引数として自動表示されます。離れたセルを合計したいときは、SUM関数が表示された後で、[Ctrl]を押しながら計算したいセルを順番にクリックします。

1 計算結果を表示するセルを選択　　**2** [ホーム]タブの[合計]をクリック

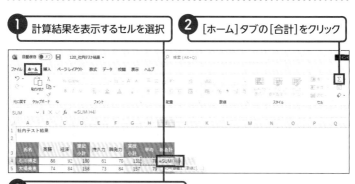

3 SUM関数が表示されることを確認

4 計算したいセルをクリック　　**5** [Ctrl]を押しながら離れたセルをクリック

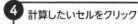
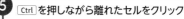

6 [Enter]を押す

選択したセルの合計が表示される

離れたセルを選択すると、「B4,G4」のように「,」（カンマ）が付きます

連続したセルを選択すると「B4:G4」のように「:」（コロン）が付きます

Question 121 小計と総計を同時に求める

A 小計と総計の結果を表示するセルを選択してから［合計］をクリック

表の途中に「小計」、表の最終行に「総計」がある表は、何度もSUM関数を入力しなければなりません。もっとすばやく計算するには、最初に小計と総計の結果を表示するセルをドラッグしてまとめて選択しておきます。この状態で［合計］をクリックすると、1回の操作で小計と総計を表示できます。

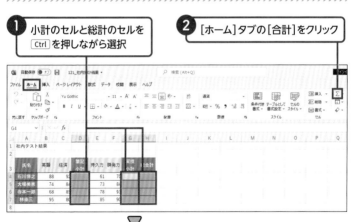

1 小計のセルと総計のセルを Ctrl を押しながら選択

2 ［ホーム］タブの［合計］をクリック

手順❶でG4～H7セルをまとめて選択すると、正しく計算できないので注意しましょう

小計と総計がまとめて表示される

複数のシートをまたいだ
数値の合計を求める

A 〔ホーム〕タブの〔合計〕を使った串刺し計算

複数のシートの同じ位置にあるセルの値を合計するには、SUM関数を使った串刺し計算を行います。串刺し計算を行うには、複数のシートが同じ位置に同じ構成で作成されている必要があります。

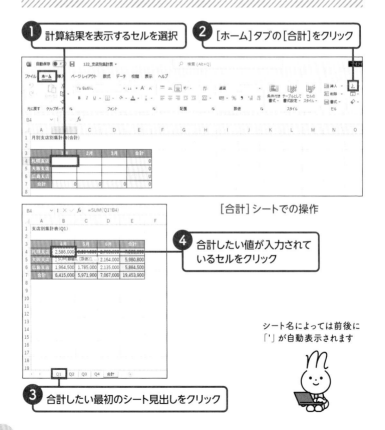

1 計算結果を表示するセルを選択

2 [ホーム]タブの[合計]をクリック

[合計]シートでの操作

4 合計したい値が入力されているセルをクリック

シート名によっては前後に「'」が自動表示されます

3 合計したい最初のシート見出しをクリック

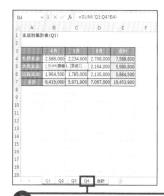

手順❺で Shift を押しながら
最後のシート見出しをクリック
すると、手順❸で指定したシー
トから連続したシートをまとめ
て選択できます

5 Shift を押しながら合計したい最後のシート見出しを
クリックして Enter を押す

「最初のシートから最後の
シートの同じセルの値を合
計しなさい」という意味です

手順❶のセルに複数シートの合計が表示される

6 手順❶のセルの数式を右方向と下方向にそれぞれコピーする

串刺し計算の集計ができる

手順❶のセルには、「=SUM（最初のシート名：
最後のシート名!セル番地）」が表示されます

Chapter

7

Question 123 最大値や最小値を求める

///

A 〔ホーム〕タブの〔合計〕の ▽ をクリック

最大値を求めるMAX（マックス）関数と、最小値を求めるMIN（ミニマム）関数は、［ホーム］タブの［合計］の ▽ をクリックして表示されるメニューから選ぶとかんたんに入力できます。それぞれ、引数には最大値や最小値を求めたいセル範囲を指定します。

///

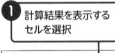

1 計算結果を表示するセルを選択

2 ［ホーム］タブの［合計］の ▽ をクリック→［最大値］をクリック

3 最大値を求めたいセル範囲を選択

4 Enter を押す

最大値が表示される

MAX関数の書式は
「＝MAX（最大値を求めたいセル範囲）」
です

Question 124 数値の累計を求める

A SUM関数の最初の引数を絶対参照に指定

累計とは、数値を順番に足し合わせながら合計を求めることです。Excelで累計を求めるにはSUM関数を使います。最初の引数に指定するセルを絶対参照にしてから数式をコピーします。

1 計算結果を表示するセルを選択し、「＝SUM（」と入力

2 累計したい先頭のセルをクリックし、F4を押す

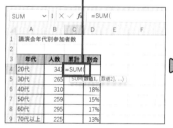

3 「：」（コロン）を入力して引数の最後のセルをクリック

5 SUM関数をコピー（P.137参照）

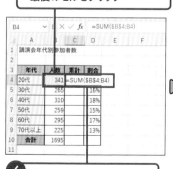

4 「）」を入力してEnterを押す

累計が表示される

Question

125 数値を四捨五入する

A ROUND関数で四捨五入する桁数を指定

数値を四捨五入するには、ROUND（ラウンド）関数を使います。ROUND関数を使うポイントは、引数の「桁数」にどの位で四捨五入するかを指定することです。「1」とすると小数点以下第2位を四捨五入、「0」とすると少数点以下第1位を四捨五入して整数で表示します。

1 結果を表示するセルを選択し、「＝ROUND（」と入力

3 「,」（カンマ）を入力し、小数点以下の桁数を入力

	A	B	C	D	E	F
	SUM		fx	=ROUND(D4,0)		
1	メニュー表					
2						
3	メニュー	価格(税抜)	税率	消費税	消費税	
4	たこ焼き	898	10%	89.8	=ROUND(D4,0)	
5	焼きそば	785	10%	78.5		

2 元になるセルをクリック

4 「)」を入力して Enter を押す

	A	B	C	D	E	F
	E4		fx	=ROUND(D4,0)		
1	メニュー表					
2						
3	メニュー	価格(税抜)	税率	消費税	消費税	
4	たこ焼き	898	10%	89.8	90	
5	焼きそば	785	10%	78.5		
6	お好み焼	954	10%	95.4		
7	唐揚げ弁当	655	8%	52.4		
8	焼き鳥弁当	798	8%	63.84		
9						

ROUND関数の書式は「＝ROUND（数値,桁数）」です

指定した桁数で四捨五入できる

Question 126 端数を切り上げる／切り捨てる

A ROUNDUP関数／ROUNDDOWN関数を使う

数値を指定した位置で切り上げるにはROUNDUP（ラウンドアップ）関数、切り捨てるにはROUNDDOWN（ラウンドダウン）関数を使います。どちらも引数の「桁数」に切り上げたい位や切り捨てたい位を指定します。「桁数」の指定方法はP.160のROUND関数と同じです。

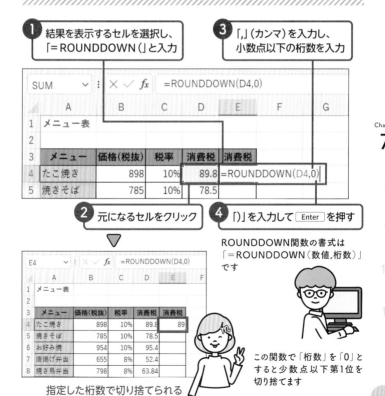

1 結果を表示するセルを選択し、「=ROUNDDOWN(」と入力

3 「,」（カンマ）を入力し、小数点以下の桁数を入力

| SUM | ✓ : × ✓ fx | =ROUNDDOWN(D4,0) |

	A	B	C	D	E	F	G
1	メニュー表						
2							
3	メニュー	価格(税抜)	税率	消費税	消費税		
4	たこ焼き	898	10%	89.8	=ROUNDDOWN(D4,0)		
5	焼きそば	785	10%	78.5			

2 元になるセルをクリック

4 「)」を入力して Enter を押す

ROUNDDOWN関数の書式は「=ROUNDDOWN（数値,桁数）」です

| E4 | ✓ : × ✓ fx | =ROUNDDOWN(D4,0) |

	A	B	C	D	E	F
1	メニュー表					
2						
3	メニュー	価格(税抜)	税率	消費税	消費税	
4	たこ焼き	898	10%	89.8	89	
5	焼きそば	785	10%	78.5		
6	お好み焼	954	10%	95.4		
7	唐揚げ弁当	655	8%	52.4		
8	焼き鳥弁当	798	8%	63.84		

指定した桁数で切り捨てられる

この関数で「桁数」を「0」とすると少数点以下第1位を切り捨てます

Question 127 余りを求める

A MOD関数を使う

数値を割り算した結果の余りを求めるにはMOD（モッド）関数を使います。たとえば7÷3なら2余り1となりますが、この1の部分を求める際に使用します。MOD関数の引数の「除数」には、数値を割る数を指定します。7÷3なら「3」を指定します。

1 結果を表示するセルを選択し、「=MOD(」と入力

4 「)」を入力し、Enter を押す

2 元になるセルをクリック

3 「,」（カンマ）を入力し、除数のセルをクリック

余りが表示される

MOD関数の書式は
「=MOD（数値,除数）」
です

Question 128 ふりがなを別のセルに表示する

A PHONETIC関数を使う

P.97では、セル内にふりがなを振る操作を解説しました。ふりがなを別のセルに表示するにはPHONETIC（フォネティック）関数を使います。引数にふりがなの元になる文字が入ったセルを指定すると、文字を変換した際の「読み」がふりがなとして表示されます。

1 結果を表示するセルを選択し、「=PHONETIC(」と入力

B4		✕ ✓ fx	=PHONETIC(B4)	
	A	B	C	D	E
1	参加申込者リスト				
2					
3	申込番号	氏名	フリガナ	電話番号	
4	1001	鈴木　正人	=PHONETIC(B4)	080-0000-XXXX	
5	1002	佐藤　弥生		050-0000-XXXX	

2 元になるセルをクリック

3 「)」を入力し、Enter を押す

▽

C4		✕ ✓ fx	=PHONETIC(B4)
	A	B	C
1	参加申込者リスト		
2			
3	申込番号	氏名	フリガナ	電
4	1001	鈴木　正人	スズキ　マサト	080-000
5	1002	佐藤　弥生		050-000
6	1003	石田　聡		090-000
7	1004	山下　亜美		080-000
8	1005	野田　太郎		080-000

ふりがなが表示される

PHONETIC関数の書式は「=PHONETIC（参照）」です

[関数の挿入]画面を使うときは[情報]の分類を選びます

129 順位を求める

A RANK関数を使う

数値の順位を求めるにはRANK（ランク関数）を使います。RANK関数を使うと、不規則に並んだ数値の順位がわかります。引数の「参照」には、数値全体が入力されているセル範囲を指定します。数式をコピーすることを考えて絶対参照にしておくといいでしょう。「順序」には大きいほうから数えるなら「0」、小さいほうから数えるなら「1」を指定します。

1 結果を表示するセルを選択し、「=RANK（」と入力

3 「,」（カンマ）を入力し、順位の元になるセル範囲を選択

2 元になるセルをクリック

4 「,」（カンマ）を入力し、順序を入力

5 「）」を入力して Enter を押す

RANK関数の書式は「=RANK（数値,参照,順序）」です。「順序」を省略すると、大きい順の順位になります

順位が表示される

Question 130 半角文字を全角文字に変換する

A JIS 関数を使う

「コーヒー」と「ｺｰﾋｰ」のように、入力したデータに半角文字と全角文字が混在していると、データベース機能を使って集計したり抽出したりするときに支障が出ます。半角の英数カナ文字を全角文字に変換するには JIS（ジス）関数、全角文字を半角文字に変換するには ASC（アスキー）関数を使います。

① 結果を表示するセルを選択し、「= JIS（」と入力

	A	B	C	D	E	F	G
	D4		✕ ✓ fx	=JIS(D4)			
1	ネットショップ講習会開催履歴						
2							
3	会場	開催日	番号	講習会内容	講習会内容	参加人数	
4	東京	2022/10/1	K101	ｼｮｯﾌﾟ 開設手順	=JIS(D4)	35	
5	大阪	2022/10/15	K101	ショップ開設手順		42	

② 元になるセルをクリック　　**③ 「）」を入力して Enter を押す**

▽

	A	B	C	D	E	F	G
	E4		✕ ✓ fx	=JIS(D4)			
1	ネットショップ講習会開催履歴						
2							
3	会場	開催日	番号	講習会内容	講習会内容	参加人数	
4	東京	2022/10/1	K101	ｼｮｯﾌﾟ 開設手順	ショップ 開設手順	35	
5	大阪	2022/10/15	K101	ショップ開設手順		42	
6	東京	2022/10/30	K102	ショップ作成講座		33	

JIS関数の書式は「= JIS（**文字列**）」です

半角文字が全角文字に変換される

半角スペースも全角スペースに変換されます

Question 131 不要なスペースを取り除く

A TRIM関数を使う

TRIM（トリム）関数を使うと、セルに入力した文字の先頭と末尾のスペースを削除できます。文字と文字の間にあるスペースは、1つだけの場合は削除されません。ただし、複数のスペースがある場合は1つのスペースを残して、他のスペースを削除します。

1 結果を表示するセルを選択し、「=TRIM(」と入力

TRIM関数の書式は「=TRIM(文字列)」です

2 元になるセルをクリック　　**3** 「)」を入力して Enter を押す

中央のスペースは残っています

文字の前後のスペースが削除される

Question 132 条件によって処理を分岐する

A IF関数を使った「真」と「偽」の処理を指定

条件（論理式）を満たしたときと満たさなかったときで処理を分けたいときは、IF（イフ）関数を使います。1つ目の引数で条件を指定し、2つ目の引数で条件を満たしたときの処理、3つ目の引数で条件を満たさなかったときの処理を指定します。なお、数式の中で文字列を指定するときは、前後を半角の「"」（ダブルクォーテーション）で囲みます。

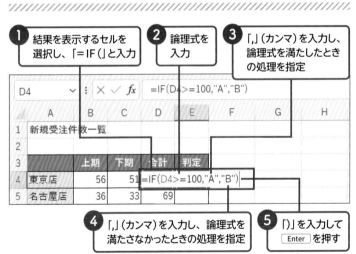

① 結果を表示するセルを選択し、「=IF(」と入力

② 論理式を入力

③ 「,」（カンマ）を入力し、論理式を満たしたときの処理を指定

④ 「,」（カンマ）を入力し、論理式を満たさなかったときの処理を指定

⑤ 「)」を入力して Enter を押す

分岐した処理が表示される

IF関数の書式は「=IF（論理式,値が真の場合,値が偽の場合）」です

Question 133 エラーが表示されないように設定する

A IFERROR関数を組み合わせる

数式や関数は間違っていなくても、計算対象のセルが空白だったり数値以外のデータが入力されていたりすると、計算結果がエラーになる場合があります。エラーを表示しないようにするには、入力済みの数式にIFERROR（イフエラー）関数を組み合わせて、エラーになった時の処理を指定します。

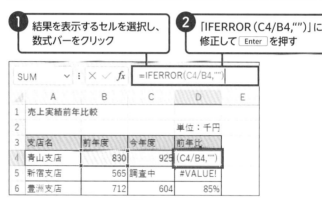

① 結果を表示するセルを選択し、数式バーをクリック

② 「IFERROR(C4/B4,"")」に修正して Enter を押す

SUM		× ✓ fx	=IFERROR(C4/B4,"")	
	A	B	C	D	E
1	売上実績前年比較				
2				単位：千円	
3	支店名	前年度	今年度	前年比	
4	青山支店	830	925	(C4/B4,"")	
5	新宿支店		565	調査中	#VALUE!	
6	豊洲支店	712	604	85%	

③ 数式をコピーする

D4		× ✓ fx	=IFERROR(C4/B4,"")	
	A	B	C	D	E
1	売上実績前年比較				
2				単位：千円	
3	支店名	前年度	今年度	前年比	
4	青山支店	830	925	111%	
5	新宿支店		565	調査中		
6	豊洲支店	712	604	85%	
7	横浜支店	670	690	103%	
8					

エラーが空白になる

IFERROR関数の書式は「＝IFERROR(値,エラーの場合の値)」です

ここでは計算結果がエラーの場合に空白「""」（ダブルクォーテーションを2つ）を表示しています

168

Question 134 特定の条件を満たすデータの個数を数える

A COUNTIF関数を使う

1行1件のルールで入力したデータの中から、条件を満たすデータの個数を数えるにはCOUNIF（カウントイフ）関数を使います。1つ目の引数の「範囲」には個数を数えるセル範囲を指定します。2つ目の引数の「検索条件」には、条件を入力したセルを指定します。

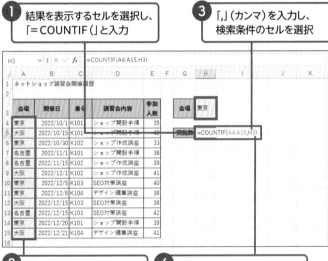

1 結果を表示するセルを選択し、「＝COUNTIF（」と入力

3 「,」（カンマ）を入力し、検索条件のセルを選択

2 検索対象のセル範囲を選択

4 「）」を入力して Enter を押す

COUNTIF関数の書式は「＝COUNTIF（範囲,検索条件）」です

条件を満たすデータの個数が表示される

Question 135 特定の条件を満たすデータだけを合計する

A SUMIF関数を使う

1行1件のルールで入力したデータの中から、条件を満たす数値の合計を求めるにはSUMIF（サムイフ）関数を使います。1つ目の引数の「範囲」には条件となるデータが入力されたセル範囲を指定します。3つ目の引数の「合計範囲」には、実際に合計したい数値が入力されたセル範囲を指定します。

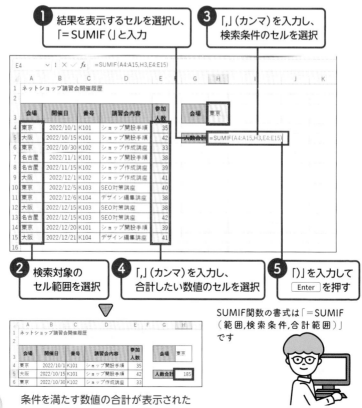

❶ 結果を表示するセルを選択し、「= SUMIF（」と入力

❸ 「,」（カンマ）を入力し、検索条件のセルを選択

E4 ∨ : × ✓ fx =SUMIF(A4:A15,H3,E4:E15)

	A	B	C	D	E	F	G	H	I	J	K
1	ネットショップ講習会開催履歴										
2											
3	会場	開催日	番号	講習会内容	参加人数			会場	東京		
4	東京	2022/10/1	K101	ショップ開設手順	35						
5	大阪	2022/10/15	K101	ショップ開設手順	42			人数合計	=SUMIF(A4:A15,H3,E4:E15)		
6	東京	2022/10/30	K102	ショップ作成講座	33						
7	名古屋	2022/11/1	K101	ショップ開設手順	38						
8	名古屋	2022/11/15	K102	ショップ作成講座	39						
9	大阪	2022/12/1	K102	ショップ作成講座	41						
10	東京	2022/12/5	K103	SEO対策講座	40						
11	東京	2022/12/6	K104	デザイン編集講座	38						
12	大阪	2022/12/15	K103	SEO対策講座	38						
13	名古屋	2022/12/15	K103	SEO対策講座	42						
14	東京	2022/12/20	K101	ショップ開設手順	39						
15	大阪	2022/12/21	K104	デザイン編集講座	41						
16											

❷ 検索対象のセル範囲を選択

❹ 「,」（カンマ）を入力し、合計したい数値のセルを選択

❺ 「）」を入力して Enter を押す

SUMIF関数の書式は「＝SUMIF（範囲,検索条件,合計範囲）」です

	A	B	C	D	E	F	G	H
1	ネットショップ講習会開催履歴							
2								
3	会場	開催日	番号	講習会内容	参加人数		会場	東京
4	東京	2022/10/1	K101	ショップ開設手順	35			
5	大阪	2022/10/15	K101	ショップ開設手順	42		人数合計	185
6	東京	2022/10/30	K102	ショップ作成講座	33			

条件を満たす数値の合計が表示された

Question 136 別表から商品名や価格を取り出す

A XLOOKUP関数を使う

見積書や請求書で、番号を入力すると対応する商品名や価格が自動表示されるようにするには、XLOOKUP（エックスルックアップ）関数を使います。XLOOKUP関数を使うには、あらかじめ「番号」「商品名」「価格」を別表にまとめておきます。

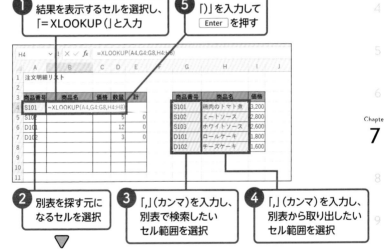

① 結果を表示するセルを選択し、「=XLOOKUP(」と入力

⑤ 「)」を入力して Enter を押す

② 別表を探す元になるセルを選択

③ 「,」（カンマ）を入力し、別表で検索したいセル範囲を選択

④ 「,」（カンマ）を入力し、別表から取り出したいセル範囲を選択

XLOOKUP関数の書式は「=XLOOKUP（検索値,検索範囲,戻り範囲）」です

対応したデータが別表から取り出せる

Column

オートコンプリートを使って 関数を入力する

関数を手入力するときに、関数の名前が正確に思い出せない場合もあるでしょう。Excelには数式のオートコンプリート機能が装備されており、関数の先頭文字を入力すると、関数の一覧から目的の関数を入力できます。入力する文字数が増えるごとに関数が絞り込まれて表示されます。

① 「=」の入力後に関数名を何文字か入力

② 目的の関数をダブルクリック

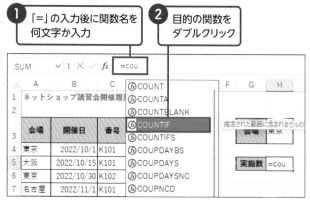

指定した文字から始まる関数の一覧が表示される

関数が途中まで自動表示される

Chapter

8

グラフで困った

Excelでグラフを作成するのはかんたんですが、その
ままではわかりやすいグラフとは言えません。グラフ
を構成する要素に個別に手を加えて、グラフの意図が
わかるように改良しましょう。

137 グラフをかんたんに作成する

A [挿入] タブの [おすすめグラフ] をクリック

[おすすめグラフ] の機能を使うと、最初に選択したセル範囲に適したグラフが数種類表示されます。一覧から作成したいグラフをクリックするだけで、あっという間にグラフを作成できます。また、[すべてのグラフ] タブをクリックすると、おすすめグラフ以外のグラフの種類を選択できます。

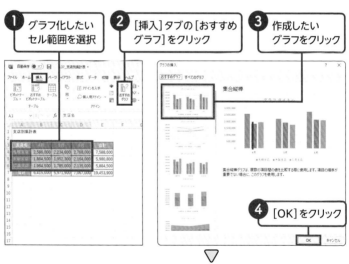

1 グラフ化したいセル範囲を選択

2 [挿入] タブの [おすすめグラフ] をクリック

3 作成したいグラフをクリック

4 [OK] をクリック

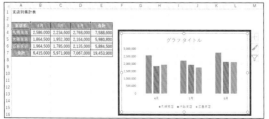

グラフが表示される

グラフを選択してから Delete を押すとグラフを削除できます

Question 138 グラフの要素を理解する

A マウスポインターを移動して要素の名前を確認

グラフは、「グラフタイトル」「凡例」「系列」といったさまざまな要素で構成されており、要素ごとに細かく設定できます。マウスポインターをグラフ内に移動すると、要素の名前がポップアップで表示されます。個別にグラフ要素を編集する時は、目的の要素を正しく選択しましょう。

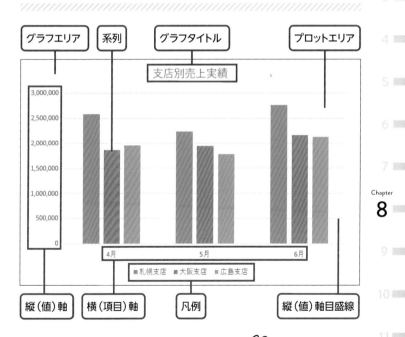

［書式］タブの［グラフ要素］の
✓から、目的の要素をクリック
して選択することもできます

139 グラフのサイズや位置を変更する

A グラフ内部やハンドルをドラッグ

グラフの位置やサイズはあとから自由に変更できます。グラフを移動するときは、グラフ内部の「グラフエリア」と表示される領域をマウスでドラッグします。グラフのサイズを変更するときは、グラフの周囲に表示されるハンドルをドラッグします。

移動

1 「グラフエリア」と表示される箇所にマウスポインターを移動

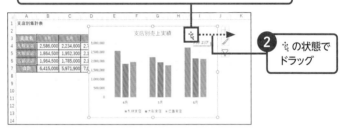

2 の状態でドラッグ

サイズ変更

1 グラフの右下のハンドルにマウスポインターを移動

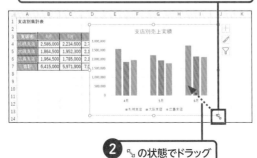

グラフの四隅のハンドルをドラッグすると、グラフの縦横比を保持してサイズを変更できます

2 の状態でドラッグ

Question

140 グラフの行と列を入れ替える

A [グラフのデザイン]タブの[行/列の切り替え]をクリック

グラフを作成すると、最初に選択したセル範囲の行または列のどちらかが「横(項目)軸」に設定され、もう一方が「系列(凡例)」に設定されます。セル範囲の行数と列数で数が多い方が自動的に「横(項目)軸」に設定されますが、[行/列の切り替え]を使ってあとから横(項目)軸と系列を入れ替えることができます。

① グラフをクリック

② [グラフのデザイン]タブの[行/列の切り替え]をクリック

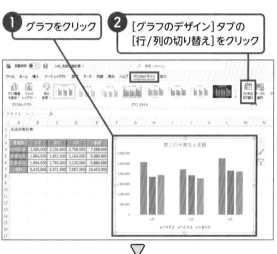

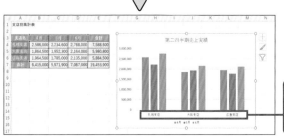

(項目)軸に支店名が表示される

行と列が入れ替わる

141 グラフのデータ範囲を変更する

A セルに表示される青枠をドラッグして移動

グラフを作成するには、最初にグラフ化したいセル範囲を正しく選択することが大切です。セル範囲が間違った状態でグラフを作成してしまったときは、あとからドラッグ操作でデータ範囲を修正できます。

1 グラフをクリック　**2** 青枠の右下の ■ にマウスポインターを移動

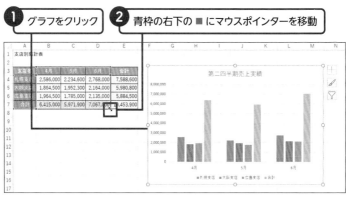

グラフの元になるセル範囲は青枠で表示される

3 ↖ の状態で、グラフ化したいセル範囲を囲むようにドラッグ

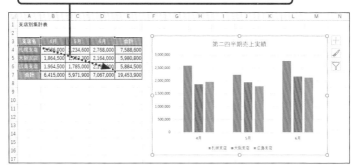

グラフのデータ範囲を変更できる

Question

142 グラフのレイアウトを 変更する

A ［グラフのデザイン］タブの［クイックレイアウト］を クリック

P.175のように、グラフはさまざまな要素で構成されています。［クイックレイアウト］には、どの要素をどのように配置するかのパターンが用意されているため、一覧からクリックするだけでグラフ全体のレイアウトを変更できます。

1 グラフをクリック

2 ［グラフのデザイン］タブの［クイックレイアウト］をクリックし、変更後のレイアウトをクリック

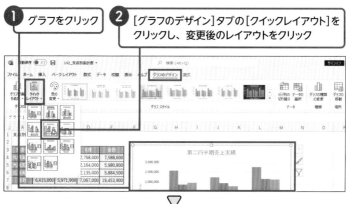

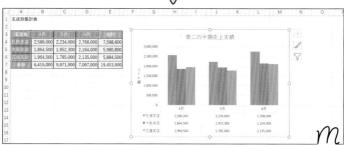

グラフ全体のレイアウトが変わる

手順2でマウスポインターを合わせるとプレビューを確認できます

143 グラフのデザインを変更する

A [グラフのデザイン] タブの [グラフスタイル] を選ぶ

グラフの要素をひとつずつ手動で編集することもできますが、すばやくグラフ全体のデザインを変更するには [グラフスタイル] 機能を使うと便利です。[グラフスタイル] には、レイアウトが同じで見た目の違うグラフデザインのパターンが用意されています。

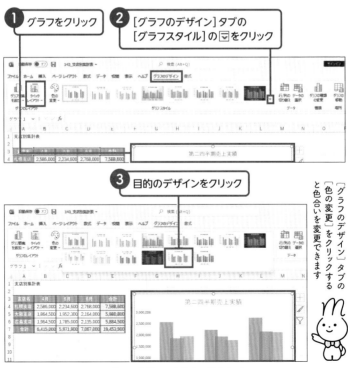

1 グラフをクリック

2 [グラフのデザイン] タブの [グラフスタイル] の ⯆ をクリック

3 目的のデザインをクリック

[グラフのデザイン] タブの [色の変更] をクリックすると色合いを変更できます

グラフ全体のデザインが変わる

Question

144 グラフの一部の色を変更する

A 色を変えたい系列をゆっくり2回クリック

棒グラフの特定の棒だけを目立たせたいといったように、グラフの一部の色を手動で変更できます。色を変えたい系列をゆっくり2回クリックして、目的の系列だけにハンドルが付いた状態で、[図形の塗りつぶし]を設定します。

① 色を変えたい系列をゆっくり2回クリック

② [書式]タブの[図形の塗りつぶし]の▼をクリック

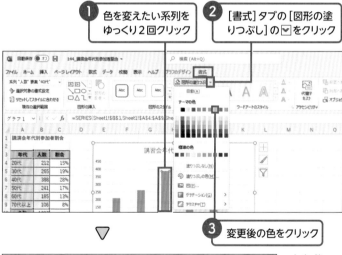

③ 変更後の色をクリック

[書式] タブの [図形の枠線] を使って枠線の色や太さを変更できます

選択した系列の色が変わる

Question 145 棒グラフと折れ線グラフを組み合わせる

A ［グラフの挿入］画面で ［組み合わせ］グラフをクリック

気温と売上数、気温と降水量といったように、異なる2つのデータの関係を把握するには、2種類のグラフを組み合わせた「組み合わせグラフ」を作成します。一方を棒グラフ、もう一方を折れ線グラフにすると、両者の関係が分かりやすくなります。

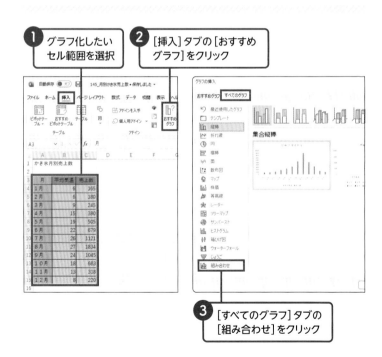

① グラフ化したい セル範囲を選択

② [挿入]タブの[おすすめ グラフ]をクリック

③ [すべてのグラフ]タブの [組み合わせ]をクリック

4 系列名ごとに
[グラフの種類]を選択

5 折れ線グラフの[第2軸]を
クリックしてオン

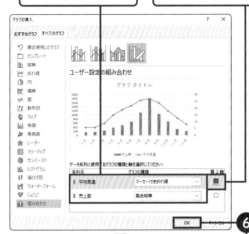

6 [OK]をクリック

▽

折れ線グラフの縦軸が右側(第2軸)に表示される

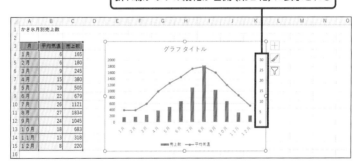

組み合わせグラフが表示される

[第2軸]は2つの系列の
数値の差が大きいときに
指定します

手順**5**で[第2軸]をオンにしないと、
下図のように折れ線グラフの推移が
判断できなくなります

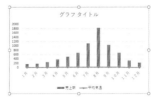

146 グラフの種類を変更する

A ［グラフのデザイン］タブの ［グラフの種類の変更］をクリック

数値の大きさを比較するなら「棒グラフ」、数値の推移を示すなら「折れ線グラフ」、数値の割合を示すなら「円グラフ」といったように、伝えたい目的に合わせてグラフの種類を選びます。グラフ作成時に間違った種類を選んでしまったときは、あとからグラフの種類を変更できます。

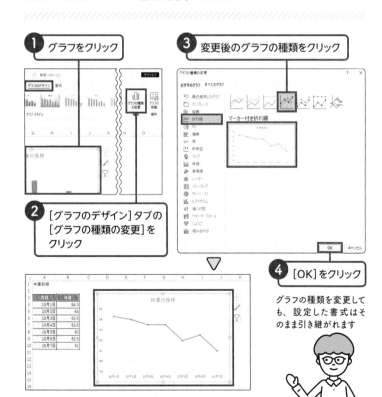

1 グラフをクリック

2 [グラフのデザイン]タブの [グラフの種類の変更]を クリック

3 変更後のグラフの種類をクリック

4 [OK]をクリック

グラフの種類を変更しても、設定した書式はそのまま引き継がれます

グラフの種類が変わる

Question

147　凡例の位置を変更する

A　［グラフ要素］⊞ から凡例の位置を選ぶ

凡例とは、グラフの系列の色が何を表しているかを示すものです。最初はグラフの下側に表示されますが、あとから［右］［上］［左］［下］に変更できます。また、凡例を消すこともできます。

1 グラフをクリック　**2** ［グラフ要素］⊞ → ［凡例］の ▶ をクリック

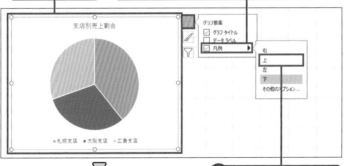

3 変更後の位置をクリック

［グラフデザイン］タブの［グラフ要素の追加］→［凡例］をクリックする方法もあります

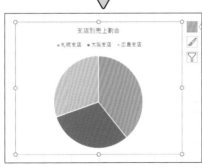

凡例の位置が変わる

手順**2** の［凡例］をクリックしてオフにすると、凡例を削除できます

148 グラフ内に縦横の ラベルを付ける

A ［第1縦軸］や［第1横軸］の軸ラベルを設定

縦(値)軸や横(項目)軸が何を表しているのかを説明するには、「軸ラベル」を追加します。特に縦(値)軸の数値は金額なのか個数なのか人数なのかが分かるように、軸ラベルを追加しておくと親切です。

1 グラフをクリック **2** ［グラフ要素］⊞ →［軸ラベル］の ▶ をクリック

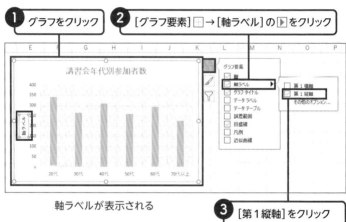

軸ラベルが表示される

3 ［第1縦軸］をクリック

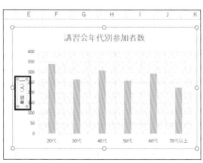

軸ラベルの文字はクリックして編集できる

［グラフデザイン］タブの［グラフ要素の追加］→［軸ラベル］をクリックする方法もあります

Question 149 縦（値）軸ラベルを縦書きで表示する

A ［ホーム］タブの［方向］から［縦書き］をクリック

P.186の操作で縦（値）軸に軸ラベルを表示すると、最初は文字が横向きに回転して表示されます。軸ラベルの文字を縦書きにして読みやすくするには、［ホーム］タブの［方向］から［縦書き］をクリックします。

1 軸ラベルをクリック

2 ［ホーム］タブの［方向］→［縦書き］をクリック

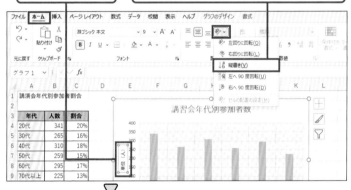

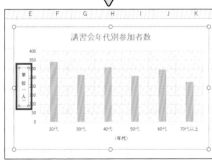

軸ラベルが縦書きになる

軸ラベルの文字のサイズは［ホーム］タブの［フォントサイズ］から変更できます

軸ラベルの外枠をドラッグすると軸ラベルの位置を移動できます

Chapter 8

Question 150 数値軸の最小値と最大値を変更する

A [軸の書式設定]パネルで[最大値]と[最小値]を指定

グラフの縦(値)軸には、元になるセル範囲の数値から自動的に最小値と最大値を設定して表示します。たとえば、棒グラフの棒の高さや折れ線グラフの線の角度を強調したいときは、[軸の書式設定]パネルを開いて、最小値を「0」以外の大きな数値に変更すると効果的です。

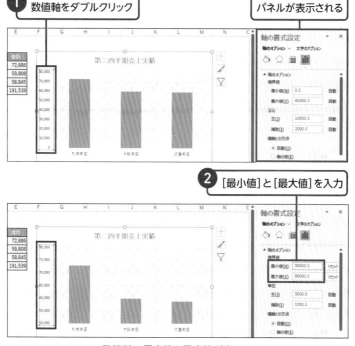

数値軸の最小値と最大値が変わる

Question 151 目盛を千単位で表示する

A [軸の書式設定] パネルで [表示単位] を指定

数値の桁数の大きいセルをグラフ化すると、グラフの縦(値)軸にそのまま桁数が表示されるので、グラフが見づらくなる場合があります。表のデータはそのままでグラフの縦(値)軸の表示単位だけを変更するには、[軸の書式設定] パネルで [表示単位] を指定します。

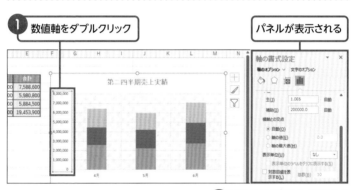

1 数値軸をダブルクリック

パネルが表示される

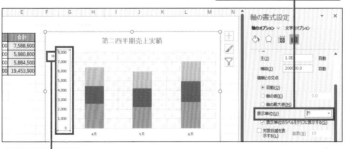

2 [表示単位] で単位を選択

表示単位が自動表示される

数値軸の単位が変わる

表のデータを千単位で表示する方法はP.108を参照してください

Question
152 グラフ内に元データの 数値を表示する

A 〔データラベル〕を追加

グラフは数値の全体的な傾向を把握するには便利ですが、一方で具体的な数値を把握するのには不向きです。[データラベル] の機能を使うと、グラフの元になる表のデータをグラフ内に表示できます。

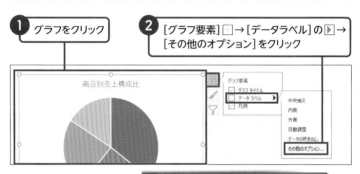

1 グラフをクリック

2 [グラフ要素] □ → [データラベル] の ▶ → [その他のオプション] をクリック

3 [分類名] [パーセンテージ] をクリックしてオン、[値] をクリックしてオフ

グラフに表のデータが表示される

〔グラフデザイン〕タブの〔グラフ要素の追加〕→〔データラベル〕をクリックする方法もあります

手順**3**のパネルでラベルの位置を指定することもできます

Question 153 横棒グラフの上下を反転する

A [軸の書式設定] パネルで [軸を反転する] をクリックしてオン

横棒グラフを作成すると、表の上側のデータがグラフの下側に表示されます。表と同じ順番でグラフの上からデータが表示されるようにするには、[軸の書式設定] パネルで [軸を反転する]をクリックしてオンにします。

1 数値軸をダブルクリック **2** [軸を反転する] をクリックしてオン

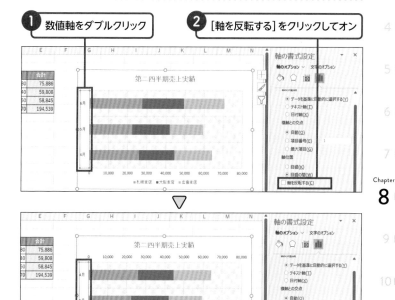

数値軸の上下が反転する 　[グラフ要素]→[軸]の▶→[その他の軸オプション]をクリックする方法もあります

Question 154 円グラフの一部を切り出す

A 切り出したい系列を選択してドラッグ

円グラフの中で特定のデータを目立たせたいときは、その部分だけを切り離して見せると効果的です。グラフを1回クリックすると、すべてのデータ系列が選択され、もう1回クリックすると、特定のデータ系列だけを選択できます。

① 切り出したい系列をゆっくり2回クリック

② 系列内部に
マウスポインターを
移動して外側に
ドラッグ

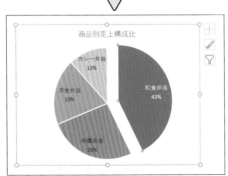

手順①の後で系列をダブルクリックし、[データ要素の書式設定] パネルから数値で指定することもできます

系列が切り出される

Question 155 グラフだけを大きく印刷する

A グラフを選択した状態で印刷する

作成したグラフだけを用紙に大きく印刷するには、グラフをクリックして選択した状態で、印刷イメージを確認します。用紙の向きや余白などの設定方法は、第5章の表の印刷と同じ操作で行えます。

表とグラフを一緒に印刷するときは、グラフ以外のセルをクリックしておきます

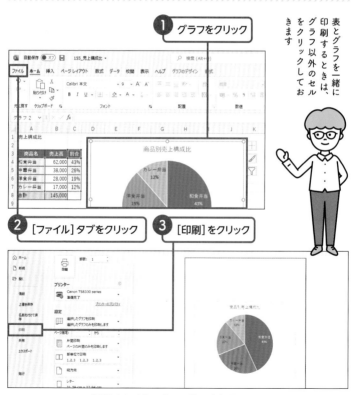

1 グラフをクリック

2 [ファイル]タブをクリック

3 [印刷]をクリック

印刷イメージにグラフだけが表示される

Question 156 グラフをWord文書に貼り付ける

A グラフをコピーしてから文書に貼り付ける

Excelで作成した表やグラフをWord文書やPowerPointのスライドに貼り付けて利用すれば、同じ表やグラフを作り直す手間が省けます。コピー元の表やグラフを選択してコピーしてから、貼り付け先のアプリに貼り付けます。

Excelと切り離して貼り付ける

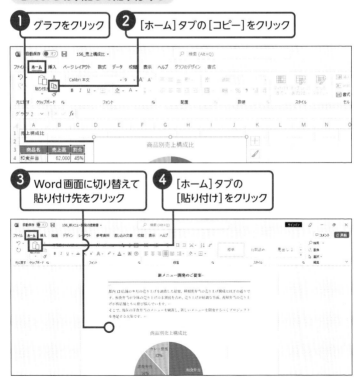

1 グラフをクリック

2 [ホーム]タブの[コピー]をクリック

3 Word画面に切り替えて貼り付け先をクリック

4 [ホーム]タブの[貼り付け]をクリック

Wordにグラフが貼り付けられる

Excelとリンクして貼り付ける

1 P.194の手順❹で［ホーム］タブの ［貼り付け］の☑をクリック

2 ［貼り付け先テーマを使用し データをリンク］をクリック

3 Excelでグラフの データを修正

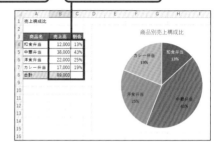

グラフの割合が変化する

4 Wordにリンク貼り付けしたグラフも 連動して変化する

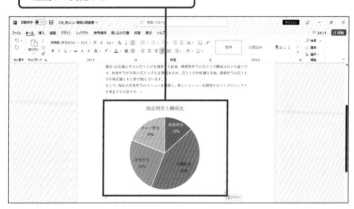

リンク貼り付け後にExcelや Wordのファイルを移動したり ブックを削除したりすると連動 ができずエラーになることがあ ります

Question
157 セル内にグラフを
作成する

A [スパークライン] 機能を使う

スパークラインは、セルの中に収まる小さなグラフを表示する機能で、「折れ線」
「縦棒」「勝敗」の3種類が用意されています。スパークラインは表の数値のす
ぐ横にグラフを表示できるので、数値とグラフを見比べやすいのが特徴です。

1 スパークラインを
表示するセルを選択

2 [挿入]タブの[スパークライン]グループの
[折れ線] をクリック

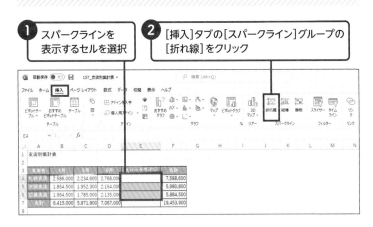

3 [データ範囲] にグラフ化したいセル範囲を選択

セル内にグラフが表示される

4 [OK]をクリック

スパークラインを削除するには、
[スパークライン]タブの[クリ
ア]をクリックします

Chapter

9

並べ替えと抽出で困った

表のデータを思いどおりに並べ替えたり絞り込んだり
するときのテクニックを解説します。また、[テーブル]
機能や[ピボットテーブル]機能を使うとどんなことが
できるのかを知りましょう。

158 列単位でデータを並べ替える

A 並べ替えの方向を［列単位］に変更

通常の並べ替えは、1行1件のルールで入力されたデータを行単位で並べ替えます。それとは逆に、列単位で表全体を並べ替えるには、［並べ替えオプション］画面で［方向］を「列単位」に変更します。

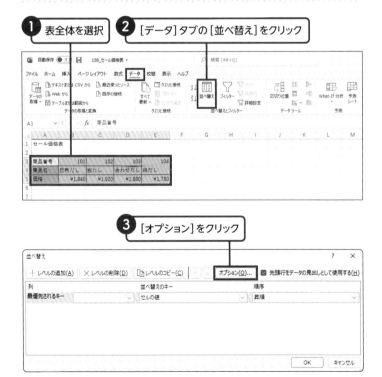

① 表全体を選択　② ［データ］タブの［並べ替え］をクリック

③ ［オプション］をクリック

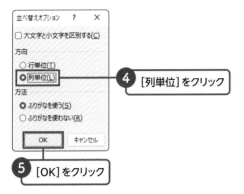

4 [列単位]をクリック

5 [OK]をクリック

6 [最優先されるキー]に基準の行を指定

並べ替え			? ×
＋レベルの追加(A)	×レベルの削除(D) 　レベルのコピー(C) 　∧∨	オプション(O)... ☐ 先頭行をデータの見出しとして使用する(H)	

行	並べ替えのキー	順序
最優先されるキー　行 5 　∨	セルの値 　∨	大きい順 　∨

OK　キャンセル

▽

7 [順序]を指定して[OK]をクリック

	A	B	C	D	E	F
1	セール価格表					
2						
3	商品番号	102	103	101	104	
4	商品名	鰹だし	合わせだし	昆布だし	鶏だし	
5	価格	¥1,920	¥1,880	¥1,840	¥1,780	
6						

価格の大きい順に列が並べ替わる

[並べ替えオプション]画面の
[大文字と小文字を区別する]
をクリックしてオンにすると、大
文字と小文字を区別して並べ
替えることができます

159 漢字を正しく並べ替える

A ふりがなを修正してから並べ替える

漢字を並べ替えると、漢字を変換したときの「読み」で並べ替わります。正しく並べ替わらなかったときは、ふりがなを修正してから並べ替えます。PHONETIC関数を使ってふりがなの列を表示すると、ふりがなが正しく振られているかを確認できます（P.163参照）。

1 ふりがなが間違っている セルをクリック

2 [ホーム] タブの [ふりがなの表示/非表示] の ☑ → [ふりがなの編集] をクリック

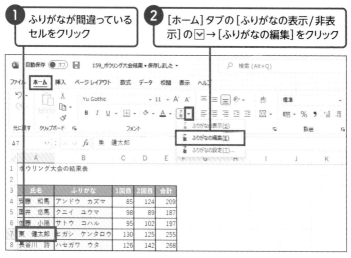

事前にふりがなの列を追加しておく

3 ふりがなを修正

	A	B	C	D	E	F
1	ボウリング大会の結果表					
2						
3	氏名	ふりがな	1回目	2回目	合計	
4	安藤　和馬	アンドウ　カズマ	85	124	209	
5	国井　悠馬	クニイ　ユウマ	98	89	187	
6	佐藤　小陽	サトウ　コハル	95	102	197	
7	東　健太郎	アズマ　ケンタロウ	130	125	255	
8	長谷川　詩	ハセガワ　ウタ	126	142	268	
9	早瀬　陽太	ハヤセ　ヒナタ	142	129	271	
10	矢部　澪	ヤベ　ミオ	137	138	275	
11						

ふりがなが修正される

4 ふりがなの任意のセルを選択

5 [データ]タブの[昇順]をクリック

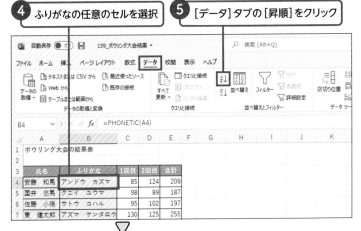

	A	B	C	D	E	F
1	ボウリング大会の結果表					
2						
3	氏名	ふりがな	1回目	2回目	合計	
4	東　健太郎	アズマ　ケンタロウ	130	125	255	
5	安藤　和馬	アンドウ　カズマ	85	124	209	
6	国井　悠馬	クニイ　ユウマ	98	89	187	
7	佐藤　小陽	サトウ　コハル	95	102	197	
8	長谷川　詩	ハセガワ　ウタ	126	142	268	
9	早瀬　陽太	ハヤセ　ヒナタ	142	129	271	
10	矢部　澪	ヤベ　ミオ	137	138	275	
11						

正しいふりがなで表全体が並べ替わる

漢字のふりがなを修正すれば、A列を基準に並べ替えても正しく並べ替わります

160 複数の条件でデータを並べ替える

A 〔並べ替え〕画面で複数の条件を指定

並べ替えを実行した結果、同じデータがあったときにどの順番で並べ替えるかを指定するには、〔並べ替え〕画面で条件を追加します。並べ替えの条件であるレベルを追加すると、複数の条件を使って並べ替えを実行できます。

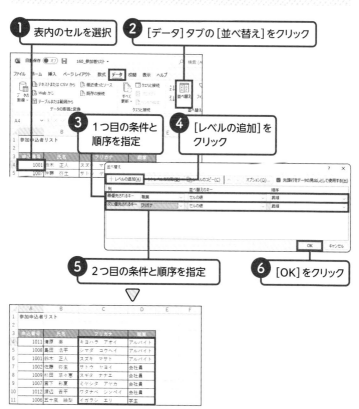

同じ「職業」のデータは「ふりがな」順に並べ替わる

Question 161 オリジナルの順序でデータを並べ替える

A ユーザー設定リストにオリジナルの順番を登録

支店名や担当者名など、オリジナルの順番で並べ替えるときは昇順や降順が使えません。P.55の操作で[ユーザー設定リスト]にオリジナルの順番を登録しておくと、その順番で表全体を並べ替えることができます。

① 表内のセルを選択 ② [データ]タブの[並べ替え]をクリック

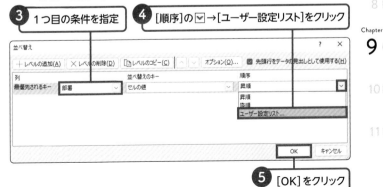

部署の順番を[ユーザー設定リスト]に登録しておく（P.55参照）

③ 1つ目の条件を指定 ④ [順序]の⌄→[ユーザー設定リスト]をクリック

⑤ [OK]をクリック

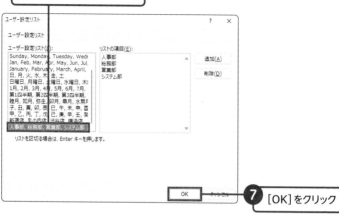

6 登録済みの順番をクリック

ユーザー設定リスト

ユーザー設定リスト(L):
Sunday, Monday, Tuesday, Wedr
Jan, Feb, Mar, Apr, May, Jun, Jul,
January, February, March, April,
日, 月, 火, 水, 木, 金, 土
日曜日, 月曜日, 火曜日, 水曜日, 木
1月, 2月, 3月, 4月, 5月, 6月, 7月,
第1四半期, 第2四半期, 第3四半期,
睦月, 如月, 弥生, 卯月, 皐月, 水無月
子, 丑, 寅, 卯, 辰, 巳, 午, 未, 申, 酉
甲, 乙, 丙, 丁, 戊 己, 庚, 辛, 壬, 癸
新宿店, 丸の内店 渋谷店 横浜店
人事部, 総務部, 営業部, システム部

リストの項目(E):
人事部
総務部
営業部
システム部

追加(A)
削除(D)

リストを区切る場合は、Enter キーを押します。

OK　キャンセル

7 [OK]をクリック

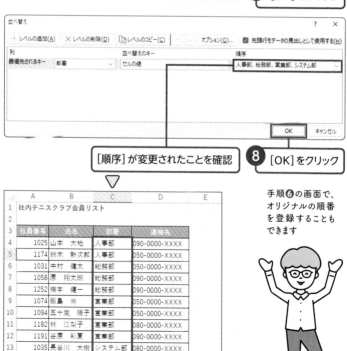

並べ替え

＋レベルの追加(A)　×レベルの削除(D)　レベルのコピー(C)　オプション(O)...　☑ 先頭行をデータの見出しとして使用する(H)

列	並べ替えのキー	順序
最優先されるキー　部署	セルの値	人事部, 総務部, 営業部, システム部

OK　キャンセル

[順序]が変更されたことを確認

▽

8 [OK]をクリック

	A	B	C	D	E
1	社内テニスクラブ会員リスト				
2					
3	社員番号	氏名	部署	連絡先	
4	1025	山本　大地	人事部	090-0000-XXXX	
5	1174	鈴木　新次郎	人事部	050-0000-XXXX	
6	1031	中村　健太	総務部	050-0000-XXXX	
7	1058	原　翔太朗	総務部	090-0000-XXXX	
8	1252	橋本　健一	総務部	090-0000-XXXX	
9	1074	飯島　尚	営業部	050-0000-XXXX	
10	1094	五十嵐　陽子	営業部	050-0000-XXXX	
11	1182	林　江梨子	営業部	080-0000-XXXX	
12	1191	谷原　彩夏	営業部	090-0000-XXXX	
13	1035	長谷川　大樹	システム部	080-0000-XXXX	
14	1150	畠田　麻葵	システム部	090-0000-XXXX	
15					

表全体が部署の順番で並べ替わる

手順**6**の画面で、
オリジナルの順番
を登録することも
できます

Question 162　特定のデータだけを抽出する

A　[オートフィルター]ボタンを使って抽出

1行1件のルールで入力したデータから条件を満たすデータを抽出するには、[オートフィルター]ボタンを使うと便利です。表の見出しに表示される▼をクリックして条件を指定するだけで、かんたんにデータを抽出できます。

1 表内のセルを選択　　**2** [データ]タブの[フィルター]をクリック

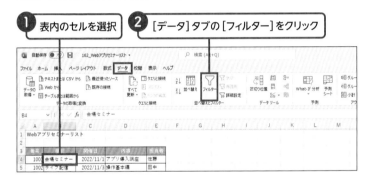

3 条件を設定したい見出しの▼をクリックして[(すべて選択)]をクリック

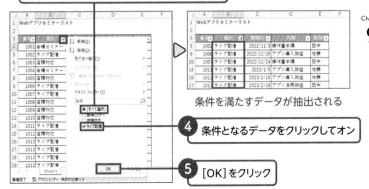

条件を満たすデータが抽出される

4 条件となるデータをクリックしてオン

5 [OK]をクリック

Question 163 指定した文字を含む データだけを抽出する

A 〔テキストフィルター〕の〔指定の値を含む〕を クリック

条件に完全に一致するデータを抽出するのではなく、指定した文字が含まれる データを抽出するには[テキストフィルター]を利用します。[テキストフィルター] には、[指定の値で始まる][指定の値で終わる][指定の値を含む]などのメ ニューが用意されています。

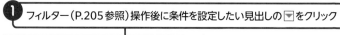

1 フィルター（P.205参照）操作後に条件を設定したい見出しの ▼ をクリック

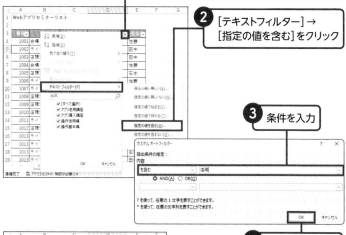

2 [テキストフィルター] → [指定の値を含む]をクリック

3 条件を入力

4 [OK] をクリック

数値データのオートフィルターには、[数値フィ ルター]が用意されており、「以上」「以下」 「トップテン」などの条件を設定できます

指定した文字を含む データが抽出される

Question 164 複数の条件を指定してデータを抽出する

A 〔オートフィルターオプション〕画面で AND条件やOR条件を指定

[オートフィルターオプション] 画面を使うと、複数の条件を指定してデータを抽出できます。AND条件を設定すると、複数の条件をすべて満たすデータが抽出されます。また、OR条件を指定すると、複数の条件のいずれかを満たすデータが抽出されます。

1 フィルター(P.205参照)操作後に条件を設定したい見出しの ▼ をクリック

2 [数値フィルター] →
[ユーザー設定フィルター]を
クリック

3 1つ目の条件を入力して
[AND] をクリック

4 2つ目の条件を入力

5 [OK]をクリック

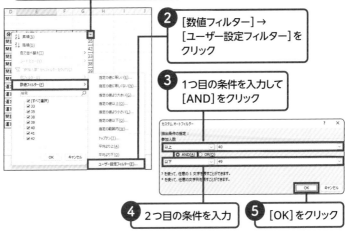

管理番	会場	開催日	分	講習会内容	担当	参加人
102	大阪	2022/10/15	開設	ショップ開設手順	小泉	42
106	大阪	2022/12/1	開設	ショップ作成講座	小泉	41
109	東京	2022/12/5	運営	SEO対策講座	佐藤	40
110	名古屋	2022/12/15	運営	SEO対策講座	長谷川	42
112	大阪	2022/12/21	運営	デザイン編集講座	小泉	41

2つの条件を満たした
データが抽出される

165 重複データを削除する

A 〔データ〕タブの〔重複の削除〕をクリック

同じデータが入力されていると、データを集計するときに大きなミスにつながります。[重複の削除] 機能を使うと、指定した項目が同じデータを探して自動的に削除します。ただし、氏名は同姓同名の場合があるので、必ず複数の項目が一致するかどうかをチェックしましょう。

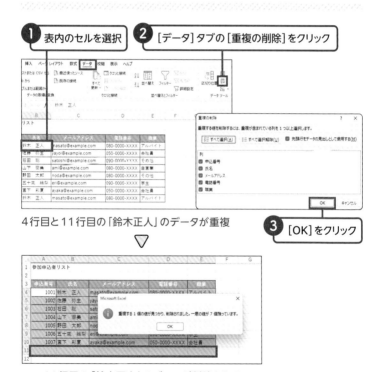

① 表内のセルを選択

② [データ] タブの [重複の削除] をクリック

4行目と11行目の「鈴木正人」のデータが重複

③ [OK] をクリック

11行目の「鈴木正人」のデータが削除される

Question 166 テーブルについて理解する

A 並べ替えや抽出などをかんたんに実行できる

テーブルとは、指定したセル範囲を他のセルと区別して取り扱う機能です。テーブルに指定したセル範囲はデータベース領域になるため、並べ替えや抽出などをかんたんに行えます。また、配色などのデザインも一覧から選ぶだけで見栄え良く仕上がります。

通常の表

テーブルに変換した表

タブも一部異なる

167 表をテーブルに変換する

A [ホーム]タブの[テーブルとして書式設定]を クリック

並べ替えや抽出などのデータベース機能を使う表は、テーブルに変換しておくと便利です。[ホーム]タブの[テーブルとして書式設定]から好きなデザインを選ぶだけで、作成済みの表をテーブルに変換できます。

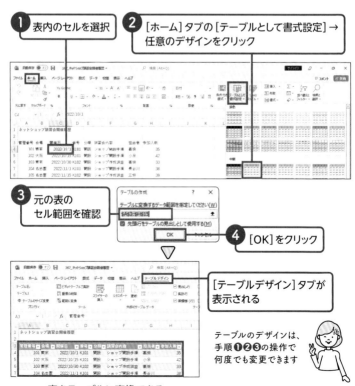

1 表内のセルを選択

2 [ホーム]タブの[テーブルとして書式設定]→ 任意のデザインをクリック

3 元の表の セル範囲を確認

4 [OK]をクリック

[テーブルデザイン]タブが 表示される

テーブルのデザインは、 手順❶❷❸の操作で 何度でも変更できます

表をテーブルに変換できる

168 テーブルに集計行を追加する

A [テーブルデザイン] タブの [集計行] をオン

表をテーブルに変換すると、数式を作成しなくても合計や平均などの集計をかんたんに行えます。最初は合計が集計されますが、後から集計方法を変更したり、他の列の集計結果を追加したりすることもできます。

1 テーブル内の
セルを選択

2 [テーブルデザイン] タブの
[集計行] をクリックしてオン

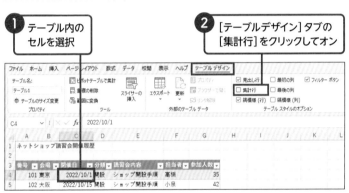

4 集計方法を
選択できる

3 集計結果のセルを選択して ▼ をクリック

他の列の集計行をクリックすると ▼ が表示され、集計方法を選択できます

集計行が追加される

Question
169 テーブルのデータを
かんたんに抽出する

A ［オートフィルター］ボタンから条件を指定

表をテーブルに変換すると、表の見出しに自動的に［オートフィルター］ボタン ⯆ が表示されます。オートフィルターボタン ⯆ をクリックすると、並べ替えの実行や抽出条件の指定をかんたんに行えます。オートフィルターボタンの使い方は、P.205からP.207の操作と同じです。

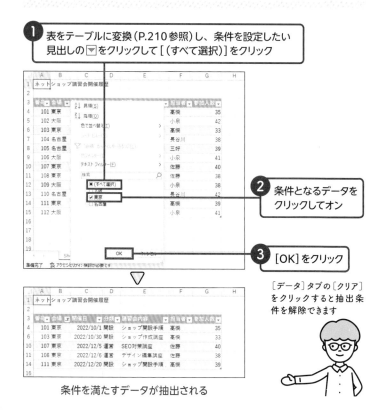

1 表をテーブルに変換（P.210参照）し、条件を設定したい見出しの ⯆ をクリックして [（すべて選択）]をクリック

2 条件となるデータをクリックしてオン

3 ［OK］をクリック

［データ］タブの［クリア］をクリックすると抽出条件を解除できます

条件を満たすデータが抽出される

Question 170 ピボットテーブルについて理解する

A クロス集計表をさまざまな角度から分析できる

[ピボットテーブル] の機能を使うと、「いつ」「何が」「いくら」売れたといったクロス集計表をマウスのドラッグ操作だけで作成できます。「ピボット」には「軸回転する」という意味があり、集計表の項目を回転するように入れ替えることで、さまざまな角度から集計できるのが特徴です。

	A	B	C	D	E	F	G	H	I	J	K
1	売上明細リスト										
2											
3	番号	日付	顧客名	商品番号	商品名	分類	価格	数量	計		
4	1001	2023/4/10	山の用品店	K101	歩数計	健康機器	2,800	10	28,000		
5	1002	2023/4/10	山の用品店	T101	電気圧力鍋	調理家電	8,800	15	132,000		
6	1003	2023/4/10	山の用品店	T102	電気ケトル	調理家電	9,200	15	138,000		
7	1004	2023/4/10	健康ストア	S101	クリーナー	生活家電	7,800	10	78,000		
8	1005	2023/4/10	健康ストア	S102	アイロン	生活家電	6,800	10	68,000		
9	1006	2023/4/10	健康ストア	T101	電気圧力鍋	調理家電	8,800	15	132,000		
10	1007	2023/4/10	健康ストア	T102	電気ケトル	調理家電	9,200	15	138,000		
11	1008	2023/4/10	デイリー	K101	歩数計	健康機器	2,800	5	14,000		
12	1009	2023/4/10	デイリー	K102	体重計	健康機器	3,600	5	18,000		
13	1010	2023/4/10	デイリー	S101	クリーナー	生活家電	7,800	10	78,000		
14	1011	2023/4/10	海山ショップ	K101	歩数計	健康機器	2,800	10	28,000		
15	1012	2023/4/10	海山ショップ	T101	電気圧力鍋	調理家電	8,800	5	44,000		
16	1013	2023/4/10	海山ショップ	T102	電気ケトル	調理家電	9,200	5	46,000		

元になる売上台帳のリスト

	A	B	C	D	E	F	G
1							
2							
3	合計 / 計	列ラベル					
4		⊞4月	⊞5月	⊞6月	総計		
5	行ラベル						
6	アイロン	136000	136000	204000	476000		
7	クリーナー	312000	273000	429000	1014000		
8	体重計	54000	72000	108000	234000		
9	電気ケトル	690000	736000	828000	2254000		
10	電気圧力鍋	660000	704000	792000	2156000		
11	歩数計	168000	182000	224000	574000		
12	総計	2020000	2103000	2585000	6708000		

ピボットテーブルを使うと、「いつ」「何が」「いくら」売れたかを瞬時に集計できる

ピボットテーブルを使うには、元になるデータが1行1件のルールに沿ってリスト形式で入力されている必要があります

171 ピボットテーブルで クロス集計表を作る

A [挿入] タブの [ピボットテーブル] をクリック

リスト形式（1行1件のルールで入力したデータ）のデータからピボットテーブルを作成すると、最初は空のピボットテーブルが表示されます。集計したい項目を [列] [行] [値] の各エリアに配置してクロス集計表を作成します。

1 リスト内のセルを選択

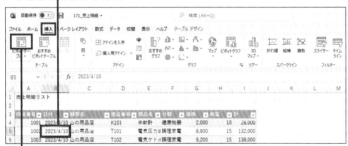

2 [挿入] タブの [ピボットテーブル] をクリック

表をテーブルに変換しているときは、手順**3**にテーブルの名前が表示されます

3 表の範囲を確認

4 [OK] をクリック

新しいシートに空のピボットテーブルが表示される

5 [日付] フィールドを [列] エリアにドラッグ

6 [商品名] フィールドを [行] エリアにドラッグ

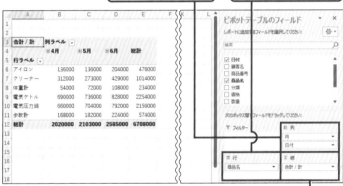

クロス集計表を作成できる

7 [計] フィールドを [値] エリアにドラッグ

[フィルター] [列] [行] [値] の 4つのエリアをすべて使う必要は ありません

[値] エリアに数値のフィールドを ドラッグすると、数値の合計が 集計されます

Chapter 9

215

ピボットテーブルの項目を入れ替える

A エリアに配置したフィールドをドラッグ

ピボットテーブルのメリットは、後からフィールドを入れ替えて、さまざまな角度から分析できることです。[フィルター][列][行][値]の4つのエリアに配置したフィールドを入れ替えると、連動して集計表が変化します。

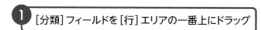

1 [分類] フィールドを [行] エリアの一番上にドラッグ

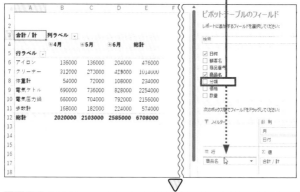

フィールドを枠の外にドラッグすると削除できます

階層のある集計表に変化する

Chapter

10

エラー表示で困った

四則演算や関数を入力すると、エラーが表示される場
合があります。エラーの種類はたくさんありますが、こ
の章では代表的なエラーとその意味を解説します。エ
ラーの意味を理解すると慌てずに対応できます。

Question

173 エラーのセルを見つける

A [数式]タブの[エラーチェック]をクリック

作成した表の中にエラーがあるかどうかを確認するには、[エラーチェック]の
機能を使います。エラーチェックを実行すると、エラーが表示されているセル
の位置とその原因が表示されます。さらに、エラーの処理の候補が表示され、
その場でエラーを消すこともできます。

① [数式]タブの[エラーチェック]をクリック

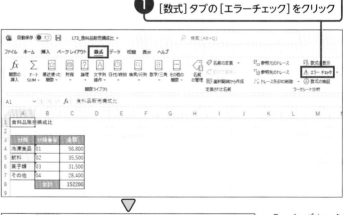

エラーインジケーター
（P.50参照）は、エラー
の可能性のあるセルに
も表示されます

エラーのセルと原因が表示される

エラーを無視するときは
[エラーを無視する]を
クリックします

[次へ]をクリックすると
次のエラーに切り替わる

Question 174 無視したエラーを再表示する

A 〔Excelのオプション〕画面でエラーをリセット

P.218の［エラーチェック］機能を実行した際に［エラーを無視する］を選ぶと、それ以降エラーが表示されません。もう一度、エラーの状態に戻すには、［Excelのオプション］画面で［無視したエラーのリセット］をクリックします。

1 ［ファイル］タブの［その他のオプション］→［オプション］をクリック

組み合わせ

・ エラーチェック → **P.218**

2 ［数式］→［無視したエラーのリセット］をクリック

エラーインジケーターが再表示される

3 ［OK］をクリック

175 エラーの意味を知る

A エラーごとに対処方法が異なる

Excelの操作中にいろいろなエラーが表示されることがあります。エラーの意味とその対処方法を覚えておくと、エラーが出ても慌てずにすみます。代表的なエラーは以下のとおりです。

セルに表示 されるエラー	読み方	エラーの意味・対処方法	参照 ページ
###		セルの列幅が不足している	P.51
#NAME?	ネーム	関数の名前が間違っている	P.226
#DIV/0!	ディバイド・パー・ ゼロ	「0」で割り算をしている	—
#REF!	リファレンス	数式で参照しているセルが 存在しない	P.227
#VALUE!	バリュー	数式で参照するセルが間 違っている	P.224
#NULL!	ヌル／ナル	参照するセル範囲が間違っ ている	P.225
#N/A	ノーアサイン	数式で参照しているセルが 見つからない	P.223
#NUM!	ナンバー	数式に無効な数値が含まれ ている	P.222
循環参照		数式内に自身のセルが指 定されている	P.221
緑の三角記号	エラーインジケーター	エラーの可能性があるセル の左上に表示される	P.50

Question 176 「循環参照」エラーが表示されたら

A 数式を入力しているセルを含めないように修正

「循環参照」エラーは、数式の中に数式を入力しているセルそのものを含めたときに表示されるエラーです。作成した数式をもう一度よく見直して、数式バーで修正しましょう。

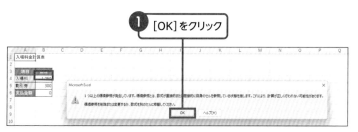

1 [OK]をクリック

B6セルに数式を入力したら「循環参照」エラーが表示された

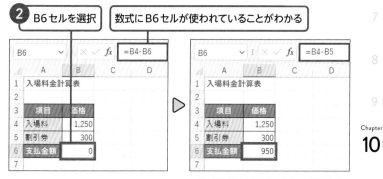

2 B6セルを選択 | 数式にB6セルが使われていることがわかる

数式を修正するとエラーが消える

Question 177 「#NUM!」エラーが表示されたら

A 引数を正しく修正

「#NUM!」エラーは、Excelが処理できる最大値や最小値を超えたときや、引数に指定できない値を指定したときなどに表示されるエラーです。「数」を意味する英語の「Number」の略です。「#NUM!」エラーが表示されたら、数式や関数を正しく修正します。

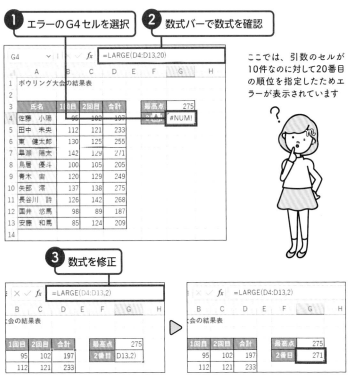

1 エラーのG4セルを選択　**2** 数式バーで数式を確認

| G4 | | fx | =LARGE(D4:D13,20) |

	A	B	C	D	E	F	G	H
1	ボウリング大会の結果表							
2								
3	氏名	1回目	2回目	合計		最高点	275	
4	佐藤 小陽	95	102	197		2番目	#NUM!	
5	田中 未央	112	121	233				
6	東 健太郎	130	125	255				
7	早瀬 陽太	142	129	271				
8	鳥居 優斗	100	105	205				
9	青木 宙	120	129	249				
10	矢部 澪	137	138	275				
11	長谷川 詩	126	142	268				
12	園井 悠馬	98	89	187				
13	安藤 和馬	85	124	209				
14								

ここでは、引数のセルが10件なのに対して20番目の順位を指定したためエラーが表示されています

3 数式を修正

| | fx | =LARGE(D4:D13,2) |

B	C	D	E	F	G	H
会の結果表						
1回目	2回目	合計		最高点	275	
95	102	197		2番目	D13,2)	
112	121	233				

| | fx | =LARGE(D4:D13,2) |

B	C	D	E	F	G	H
会の結果表						
1回目	2回目	合計		最高点	275	
95	102	197		2番目	271	
112	121	233				

エラーが消える

Question 178 「#N/A」エラーが表示されたら

A IFERROR関数を組み合わせる

「#N/A」エラーは、数式が参照しているセルが空白のときに表示されるエラーです。たとえば、XLOOKUP関数で別表のデータを取り出すときに、元になるセルが未入力の時に表示されます。参照している空白セルに値を入力するか、P.168のIFERROR関数と組み合わせてエラーを回避します。

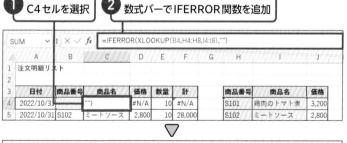

B4セルが空白なのでC4セルにエラーが表示される

① C4セルを選択　② 数式バーでIFERROR関数を追加

エラーが消える

Question 179 「#VALUE!」エラーが表示されたら

A 文字列を数値に修正

「#VALUE!」エラーは、数式で参照しているセルに、不適切な値が入っているときに表示されるエラーです。たとえば、数値を入力するセルに文字列が入力されているときに発生します。文字列を数値に修正すれば、エラーを回避できます。

「200円」のように、数値の単位を付けると文字列になります

B4セルに「200円」の文字列が入力されている

D4 セルにエラーが表示

1 B4セルを「200」に修正

数式に影響が出ないように単位を付けるにはP.105の「ユーザー定義書式」を設定します

エラーが消える

Question 180 「#NULL!」エラーが表示されたら

A 参照するセル範囲を正しく修正

「#NULL!」エラーは、数式が参照するセル範囲が間違っているときに表示されるエラーです。たとえば、セル範囲を示す「:」(コロン)や「,」(カンマ)の記号を入力し忘れると、Excelはどこを計算していいのか分からずにエラーになります。数式を見直して、参照するセル範囲を正しく修正しましょう。

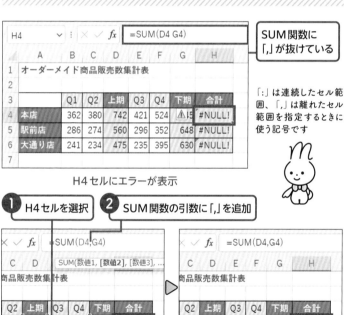

SUM関数に「,」が抜けている

「:」は連続したセル範囲、「,」は離れたセル範囲を指定するときに使う記号です

H4セルにエラーが表示

① H4セルを選択　② SUM関数の引数に「,」を追加

「:」「,」は必ず半角で入力します

エラーが消える

181 「#NAME?」エラーが 表示されたら

A 関数のスペルを正しく修正

「#NAME?」エラーは、関数の名前が間違っているときに表示されるエラーです。よくあるケースとして、関数を直接入力しているときに関数のスペルを間違えると、このエラーが表示されます。関数名を正しく修正すればエラーを回避できます。

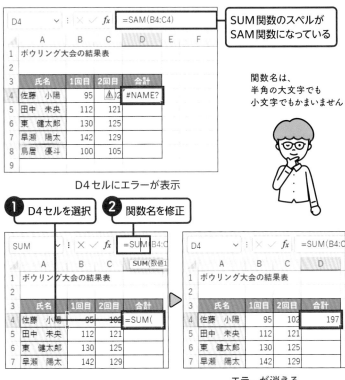

SUM関数のスペルが
SAM関数になっている

関数名は、
半角の大文字でも
小文字でもかまいません

D4セルにエラーが表示

① D4セルを選択　② 関数名を修正

エラーが消える

Question 182 「#REF!」エラーが表示されたら

A 〔ホーム〕タブの〔元に戻す〕をクリック

「#REF!」エラーは、数式で参照しているセルが無効のときに表示されるエラーです。よくあるケースとして、参照していたセルを削除したときに表示されます。削除したセルを元に戻すか、P.79のように計算結果を「値」として貼り付けるとエラーを回避できます。

1 B列を削除

	A	B	C
1	参加申込者リスト		
2			
3	申込番号	氏名	フリガナ
4	1001	鈴木 正人	スズキ マサト
5	1002	佐藤 弥生	サトウ ヤヨイ
6	1003	石田 聡	イシダ サトシ
7	1004	山下 亜美	ヤマシタ アミ
8	1005	野田 太郎	ノダ タロウ
9			

C列にPHONETIC関数で
B列のフリガナを表示中

2 [ホーム]タブの[元に戻す]をクリック

参照するセルが削除されたので
エラーが表示

	A	B	C
1	参加申込者リスト		
2			
3	申込番号	氏名	フリガナ
4	1001	鈴木 正人	スズキ マサト
5	1002	佐藤 弥生	サトウ ヤヨイ
6	1003	石田 聡	イシダ サトシ
7	1004	山下 亜美	ヤマシタ アミ
8	1005	野田 太郎	ノダ タロウ
9			

エラーが消える

「#SPILL!」エラー

Q112で解説したスピル機能を使うと、「#SPILL!」エラーが表示される場合があります。これは、スピル機能で数式があふれたセルに、別の値が入力されているときに表示されます。「#SPILL!」エラーを解除するには、別の値が入力されているセルの値を削除します。

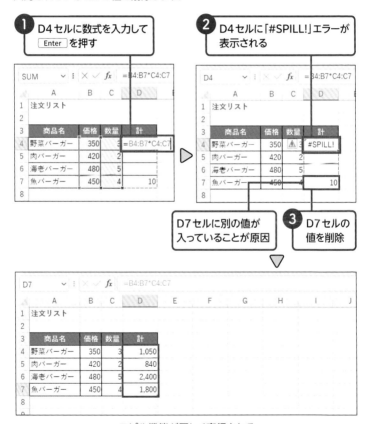

1 D4セルに数式を入力して Enter を押す

2 D4セルに「#SPILL!」エラーが表示される

D7セルに別の値が入っていることが原因

3 D7セルの値を削除

スピル機能が正しく実行される

Chapter

11

ファイルとシートで困った

複数シートを扱う操作やExcelのファイルをいろいろな
形式で保存するテクニックを解説します。また、ファイ
ルのセキュリティを高める方法やOneDriveを介して第
三者とファイルを共有する技も解説します。

Question 183 シート見出しに名前を付ける

A シート見出しをダブルクリック

最初はシート名に「Sheet1」と表示されますが、シート見出しの名前は後から変更できます。支店名や月名などのわかりやすい名前を付けておくと、ファイルを管理しやすいだけでなく、数式で他のシートを参照する際に、数式の内容がわかりやすくなります。

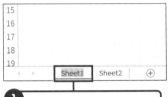

1 シート見出しをダブルクリック

2 シート名を入力して Enter を押す

シート名が変更できる

他のシートも同様に変更可能

こんな時に便利

・ 外部参照 → P.144

シート見出しを右クリックして表示されるメニューから〔シート見出しの色〕をクリックすると、シート見出しに色を付けられます

Question 184 シートを別のブックに移動／コピーする

A シート見出しを右クリックし［移動またはコピー］をクリック

表示中のシートを他のブックにコピーしたり移動したりするには、シート見出しを右クリックして表示されるメニューから［移動またはコピー］を選び、移動／コピー先のブックを指定します。別のブックにコピーするときには、必ず［コピーを作成する］をクリックしてオンにしましょう。

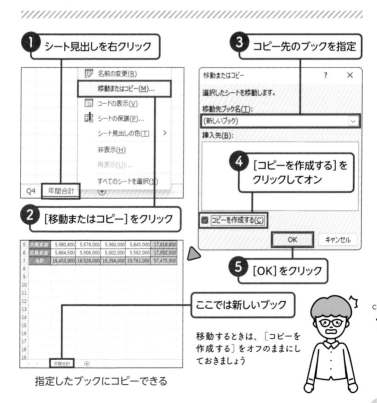

❶ シート見出しを右クリック

- 名前の変更(R)
- 移動またはコピー(M)...
- コードの表示(V)
- シートの保護(P)...
- シート見出しの色(T) ＞
- 非表示(H)
- 再表示(U)...
- すべてのシートを選択(S)

Q4　年間合計

❷ ［移動またはコピー］をクリック

❸ コピー先のブックを指定

移動またはコピー　　？　×

選択したシートを移動します。

移動先ブック名(T):

(新しいブック)

挿入先(B):

❹ ［コピーを作成する］をクリックしてオン

☑ コピーを作成する(C)

OK　　キャンセル

❺ ［OK］をクリック

5 大阪支店	5,980,800	5,678,000	5,960,000	5,845,000	17,618,800
6 広島支店	5,884,500	5,606,000	5,602,000	5,562,000	17,092,500
7 合計	19,453,900	18,628,000	19,394,000	19,761,000	57,475,900

ここでは新しいブック

年間合計

移動するときは、［コピーを作成する］をオフのままにしておきましょう

指定したブックにコピーできる

Question

185 同じブックにある複数の シートを並べて表示する

A 新しいウィンドウを開いてから整列

見積書とコード表が別々のシートに作成されていると、見積書のデータを入力するたびにコード表のシートに切り替えなければなりません。別のシートの内容を同じ画面に表示するには、最初にウィンドウをコピーして同じものを2つ用意してから、2つのウィンドウを左右に並べて表示します。

1 [表示] タブの [新しいウィンドウを開く] をクリック

ファイル名の後ろに「2」と表示される

ウィンドウのコピー版が表示される

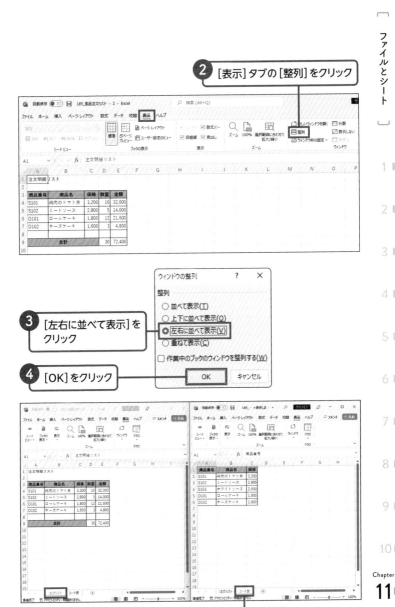

2 [表示] タブの [整列] をクリック

3 [左右に並べて表示] をクリック

4 [OK] をクリック

5 片方のウィンドウに表示するシートを切り替える

別のシートを同じ画面に表示できる

186 ファイルのプロパティを確認する

A [ファイル]タブの[情報]をクリック

プロパティとはファイルの属性のことです。Excelのファイルを保存すると、作成日や会社名、作成者の名前などの属性が自動的にファイルと一緒に保存されます。[ファイル]タブの[情報]をクリックすると、設定されたプロパティを確認できます。

1 [ファイル]タブの[情報]をクリック

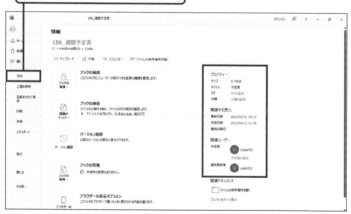

プロパティが表示される

[プロパティ]→[詳細プロパティ]をクリックすると、プロパティの詳細画面が表示されます

この画面でプロパティの確認や修正を行うことができます

186_週間予定表 のプロパティ   ? ×

ファイルの情報 ファイルの概要 詳細情報 ファイルの構成 ユーザー設定

タイトル(T):	予定表
サブタイトル(S):	
作成者(A):	User01
管理者(M):	
会社名(O):	技術評論社
分類(E):	
キーワード(K):	
コメント(C):	予定表

Question 187 個人情報を削除する

A [ドキュメント検査] を実行

P.234で解説したプロパティが残ったまま第三者にファイルを渡すと支障がある場合は、[ドキュメント検査] の機能を使って個人情報を削除します。ひとつひとつ手作業で削除するよりも、短時間で確実に削除できます。

① [ファイル]タブの [情報] をクリック

② [問題のチェック]→ [ドキュメント検査]をクリック

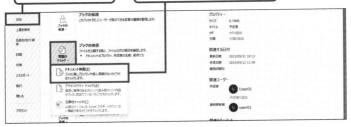

③ [検査]をクリック

④ [すべて削除]をクリック

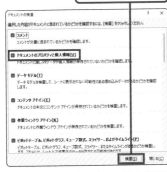

[ドキュメントのプロパティと個人情報] がオンになっていることを確認

個人情報を削除できる

Chapter 11

Question 188 PDFファイルで保存する

A PDFファイルとしてエクスポート

PDFはアドビ株式会社が開発した電子文書をやりとりするためのファイル形式の1つで、パソコンの環境に依存せずにファイルを表示できるのが特徴です。Excelで作成した表やグラフをPDFファイルとして保存すると、閲覧専用のファイルとして保存されます。

1 [ファイル] タブの [エクスポート] をクリック

2 [PDF/XPSの作成] を クリック

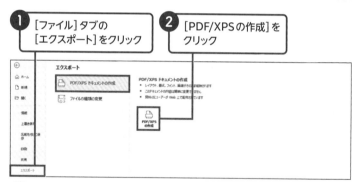

3 保存先とファイル名を設定

保存したPDFファイルをダブルクリックすると、ブラウザーなどで内容が表示されます

4 [発行後にファイルを開く] をクリックしてオン

5 [発行] をクリック

PDFで保存される

Question 189 Wordで作成した表を Excelに貼り付ける

A [コピー] & [貼り付け] で表をコピー

Wordで作成した表をExcelで利用するには、Wordの表全体をコピーして からExcelのシートに貼り付けるのがかんたんです。Wordのファイルその ものをExcelで開く場合は、Word側でWebページとして保存してから、 Excelで [ファイルの種類] を [すべてのWebページ] に変更して開きます。

Wordの操作

1 表を選択

2 [ホーム] タブの [コピー] をクリック

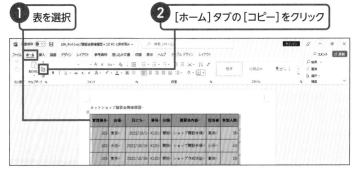

Excelの操作

1 貼り付けたい位置を選択

2 [ホーム] タブの [貼り付け] をクリック

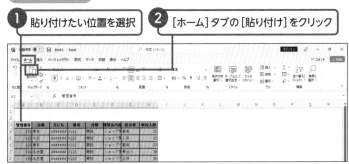

Wordの表をコピーできる

テキストファイルを Excel で開く

A 〔データ〕タブの
〔テキストまたは CSV から〕をクリック

他のアプリで作成したデータを Excel で利用するには、他のアプリ側でカンマ記号やタブで区切ったテキストファイルや、カンマ記号で区切った CSV ファイルとして保存しておきます。そうすると、ファイル名を指定するだけで、Excelのシートに読み込めます。

1 データをタブで区切った
テキストファイルを用意

2 [データ] タブの [テキストまたは CSV から] をクリック

3 テキストファイルの
保存場所と
ファイル名を指定

4 [インポート]を
クリック

5 セルにデータが表示されていることを確認

6 [読み込み]をクリック

テキストファイルをExcelに読み込める

この方法でデータをインポートすると、[クエリ]タブの[更新]をクリックして最新のデータに更新できます

CSVファイル（データをカンマで区切ったファイル）も同じ操作で読み込めます

Question 191 上書き保存せずに閉じた ファイルを開く

A [ブックの管理] からファイルを開く

保存済みのファイルを開いて作業しているときにExcelがフリーズしてしまったり、うっかり上書き保存せずにファイルを閉じてしまったりすることがあります。Excelには自動保存の機能が備わっており、ファイルを復元できる可能性があります。

1 [ファイル] タブの [情報] をクリック

2 回復できるファイルをクリック

ファイルを回復できない
場合もあります

3 [復元] をクリック

支店名	4月	5月	6月	合計
札幌支店	2,586,000	2,234,500	2,768,000	7,588,600
大阪支店	1,864,500	1,952,300	2,164,000	5,980,800
広島支店	1,964,500	1,785,000	2,135,000	5,884,500
合計	6,415,000	5,971,900	7,067,000	19,453,900

上書き保存しなかったファイルが
表示される

4 [OK] をクリックすると
上書き保存される

Question 192 一度も保存していない ファイルを復元する

A [保存されていないブックの回復] から ファイルを開く

Excelでファイルを新規に作成し、一度も保存せずに閉じてしまったファイル は、自動回復機能で復元できる場合があります。Excelでは、新規ファイル を作成中に10分ごとに自動保存が行われるため、回復用のファイルが残って いれば復元できます。

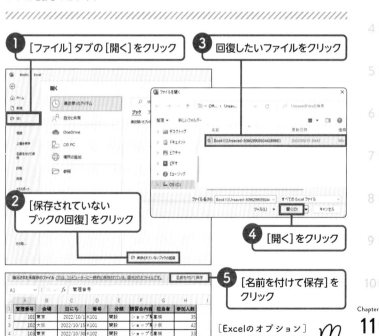

1 [ファイル] タブの [開く] をクリック

2 [保存されていない ブックの回復] をクリック

3 回復したいファイルをクリック

4 [開く] をクリック

5 [名前を付けて保存] を クリック

[Excelのオプション] 画面の [保存] から保 存間隔を設定できます

ファイルが復元される

Question

193 ファイルの閲覧を制限する

A 読み取りパスワードを設定

ファイルに読み取りパスワードを設定しておくと、ファイルを開いたときにパスワードの入力を求められるので、パスワードを知っている人しか閲覧することができません。個人情報や機密情報が含まれるファイルには必ずパスワードを設定して、セキュリティ対策を万全にしましょう。

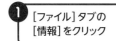

1 [ファイル] タブの [情報] をクリック

2 [ブックの保護] → [パスワードを使用して暗号化] をクリック

パスワードを解除するには、手順❸で入力済みのパスワードを消去します

3 任意のパスワードを入力

5 もう一度同じパスワードを入力

4 [OK] をクリック

6 [OK] をクリック

パスワードが設定される

Question 194 一部分のセルだけ編集可能にする

A 編集可能なセルのロックを解除してから シートを保護

数式や大事なデータを消去したり書き換えられたりしないようにするには、2段階の操作が必要です。最初にデータ入力を許可するセルのロックを外し、次に、シート全体を保護します。そうすると、ロックを外したセルのみにデータの入力や修正が行えます。

1 編集を許可するセル範囲を選択

2 [ホーム] タブの [書式] → [セルのロック] をクリック

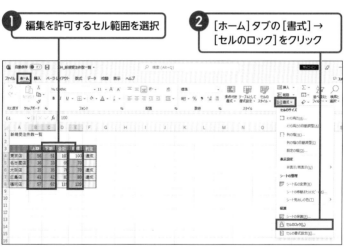

セルのロックが解除される

3 [校閲] タブの [シートの保護] をクリック

P.242手順❸の画面では シート保護解除用のパスワードを設定できます

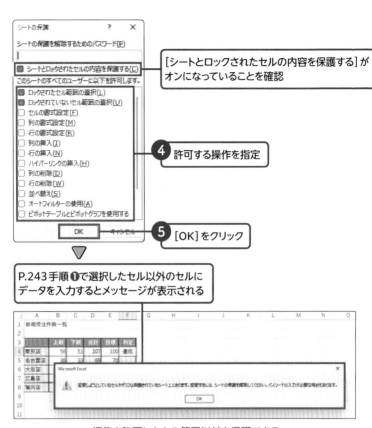

[シートとロックされたセルの内容を保護する] が
オンになっていることを確認

4 許可する操作を指定

5 [OK] をクリック

P.243手順❶で選択したセル以外のセルに
データを入力するとメッセージが表示される

編集を許可したセル範囲以外を保護できる

こんな時に便利

・複数の人でデータを入力する

シート保護を解除するには、
[校閲] タブの [シート保
護の解除] をクリックします

Question 195 セキュリティの警告メッセージが表示されたら

A 信頼できるファイルなら［コンテンツの有効化］をクリック

Webからダウンロードしたファイルやマクロ入りのファイルを開いたときに、画面上部に［セキュリティの警告］のメッセージバーが表示されることがあります。信頼できるファイルであれば、［コンテンツの有効化］をクリックして操作を続けます。作成者が不明なファイルはそのままにしておきましょう。

| ❶ | ［コンテンツの有効化］をクリック |

セキュリティの警告が表示

シートの操作が可能になる

受信したメールに添付されているファイルの中には、悪意のあるウィルスが含まれている場合があります。宛先に心当たりがない場合は、添付ファイルを開かないようにしましょう

Question 196 「データが壊れています」と表示されたら

A [ファイルを開く]画面で [開いて修復する]を指定

Excelのファイルを開いた時に、データが壊れている旨のメッセージが表示されて開けない場合があります。このようなときは、[ファイルを開く]画面で[開いて修復する]を選ぶと、可能な限りデータを修復して開くことができます。

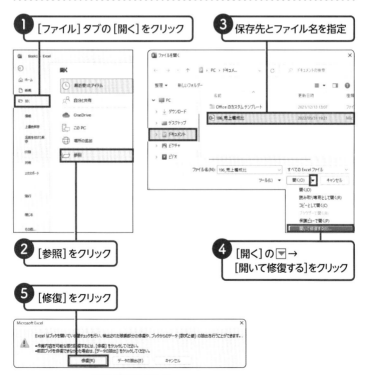

1 [ファイル]タブの[開く]をクリック

2 [参照]をクリック

3 保存先とファイル名を指定

4 [開く]の▼→ [開いて修復する]をクリック

5 [修復]をクリック

修復が開始される

Question 197 既定の保存先を変更する

A 〔Excelのオプション〕画面で保存場所を指定

いつも同じドライブやフォルダーに保存している場合は、[名前を付けて保存]画面で毎回保存先を変更しなければなりません。[Excelのオプション]画面で[既定のローカルファイルの保存場所]を設定しておくと、[名前を付けて保存]画面を開いた時に指定した保存場所に自動的に切り替わります。

1 [ファイル]タブの[その他のオプション] → [オプション]をクリック

手順**3**で入力する「パス」とは指定したフォルダーへの道筋のことです。「C:¥data」であれば、Cドライブの「data」フォルダーを指しています

2 [保存]をクリック **3** [既定のローカルファイルの保存場所]のフルダーのパスを入力

ファイルがOneDriveに保存されてしまうときは、手順**3**の画面で、[既定でコンピューターに保存する]をクリックしてオンにします

既定の保存先が変更される **4** [OK]をクリック

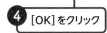

Question

198 Excel にサインインする

A Excel 画面右上の［サインイン］をクリック

Microsoft アカウントとは、マイクロソフトが提供するさまざまなサービスを利用するために必要なアカウントです。取得した Microsoft アカウントを使って Excel にサインインすると、自分用の OneDrive にファイルを保存できるようになります。

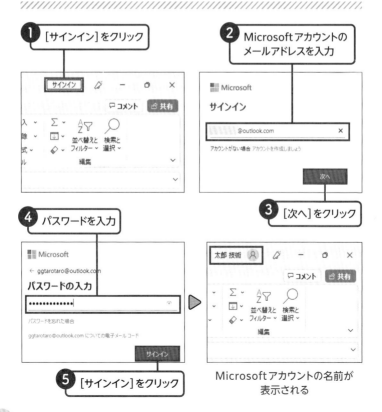

1 ［サインイン］をクリック

2 Microsoft アカウントの
メールアドレスを入力

3 ［次へ］をクリック

4 パスワードを入力

5 ［サインイン］をクリック

Microsoft アカウントの名前が
表示される

Question 199 OneDriveにデータを保存する

A 保存先を[OneDrive-個人用]に変更

OneDriveはMicrosoftアカウントで利用できるWeb上の保存場所です。OneDriveにファイルを保存しておけば、インターネットが使える環境であれば、どこからでもファイルを表示・編集できます。通常のファイルの保存と同じように、保存先をOneDriveに指定するだけで保存できます。

1 [ファイル]タブの[名前を付けて保存]をクリック

2 [OneDrive-個人用]→[OneDrive-個人用]をクリック

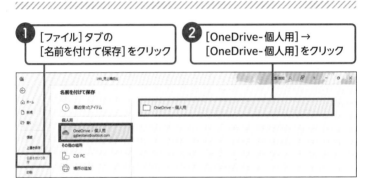

3 OneDrive内の保存先のフォルダーをクリック

OneDriveに保存したファイルを開く時は、[ファイルを開く]画面で[OneDrive-個人用]をクリックします

OneDriveに保存される

4 ファイル名を入力

5 [開く]をクリック

Question

200 ファイルを共有する

A Excel画面右上の[共有]をクリック

Excelのファイルを第三者と共有すると、同じファイルを複数のメンバーで同時に編集することができます。ファイルを共有するには、Microsoftアカウントでサインインしたうえで、P.249の操作で目的のファイルをOneDriveに保存しておく必要があります。

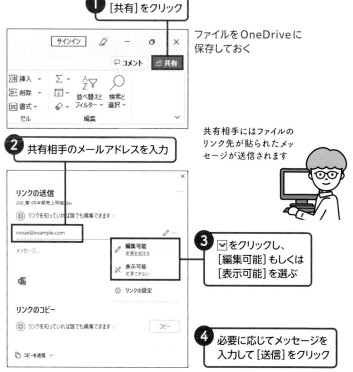

1 [共有] をクリック

ファイルをOneDriveに
保存しておく

共有相手にはファイルの
リンク先が貼られたメッ
セージが送信されます

2 共有相手のメールアドレスを入力

3 をクリックし、
[編集可能]もしくは
[表示可能]を選ぶ

4 必要に応じてメッセージを
入力して[送信]をクリック

リンクからファイルを共有できる

Appendix
便利なキーボードショートカット

ブックの新規作成

通常の手順では[ファイル]タブ→[新規]→[空白のブック]の順にクリックする必要がありますが、キーボードショートカットを使えば[ファイル]タブを開かずに新規ブックを作成できます。

Ctrl + N

上書き保存する

一度保存したブックへの編集を保存したい場合は上書き保存を行います。意図せぬフリーズが起きても大丈夫なようにこまめに保存しましょう。なお、初めて保存する場合は次の[名前を付けて保存する]になります。

Ctrl + S

名前を付けて保存する

開いているブックを別バージョンとして保存したい場合などは新しいブックとして名前を付けて保存を行います。キーを押すだけで画面が表示されるので、[ファイル]タブから操作するよりすばやくかんたんです。

F 12

上や左のセルと同じデータを入力する

[Ctrl]と[D]を押すと1つ上のセルと、[Ctrl]と[R]を押すと左横のセルと同じ
データが入力されます（書式も同じになります）。ある程度までの数で
あればフィルハンドルよりも効率的に入力操作が行えます。

$$\boxed{\text{Ctrl}} + \boxed{\text{D}} \;/\; \boxed{\text{Ctrl}} + \boxed{\text{R}}$$

操作を取り消す／やり直す

間違えてデータを削除してしまったり、意図せぬ操作をしてしまったりし
た際は操作を取り消して前の状態に戻すことができます。戻しすぎてし
まった場合は[Ctrl]と[Y]を押せば順番に操作がやり直されます。

$$\boxed{\text{Ctrl}} + \boxed{\text{Z}} \;/\; \boxed{\text{Ctrl}} + \boxed{\text{Y}}$$

セルや行、列を追加する／削除する

セルの追加や削除もキーボードショートカットで行えます（入力後に追加
／削除方向を指定します）。セル範囲を選択することで複数の追加、削
除もでき、行番号や列番号を選択することで行／列ごとの追加や削除
が可能になります。

$$\boxed{\text{Ctrl}} + \boxed{\text{Shift}} + \boxed{+} \;/\; \boxed{\text{Ctrl}} + \boxed{-}$$

文字列を検索する／置換する

文字列の検索や置換もキーボードだけで呼び出せます。なお、ボタンの中に()と下線付きのアルファベットが表示されている場合は Alt キーと同時に押すことでキーボードからそのボタンを選択することもできます。

Ctrl + F ／ Ctrl + H

ブックを閉じる

Excelを終了せずに開いているブックのみを閉じることができます。続けて別のブックを操作する場合などに覚えておくと役立ちます。Excelそのものを終了する操作と必要に応じて使い分けましょう。

Ctrl + W

Excelを終了する

Excelを終了できます。通常時であればそのまま終了されますが、新規ブックを開いていて保存していない場合や、最新の編集内容を保存していない場合は確認画面が表示されます。必要に応じて保存の操作を行いましょう。

Alt + F4

Index

お問い合わせについて

本書に関するご質問については、本書に記載されている内容に関するもののみとさせていただきます。本書の内容と関係のないご質問につきましては、一切お答えできませんので、あらかじめご了承ください。また、電話でのご質問は受け付けておりませんので、必ずFAXか書面にて下記までお送りください。

なお、ご質問の際には、必ず以下の項目を明記していただきますようお願いいたします。

① お名前
② 返信先の住所またはFAX番号
③ 書名(今すぐ使えるかんたんmini
　 Excel 仕事の困った!が1冊で解決する本
　 [Office 2021/Microsoft 365 対応版]
④ 本書の該当ページ
⑤ ご使用のOSとソフトウェアのバージョン
⑥ ご質問内容

なお、お送りいただいたご質問には、できる限り迅速にお答えできるよう努力いたしておりますが、場合によってはお答えするまでに時間がかかることがあります。また、回答の期日をご指定なさっても、ご希望にお応えできるとは限りません。あらかじめご了承くださいますよう、お願いいたします。

ご質問の際に記載いただきました個人情報は、回答後速やかに破棄させていただきます。

● お問い合わせの例

❶ お名前
　技術 太郎

❷ 返信先の住所またはFAX番号
　03-××××-××××

❸ 書名
　今すぐ使えるかんたんmini
　Excel 仕事の困った!が1冊で
　解決する本
　[Office 2021/Microsoft 365 対応版]

❹ 本書の該当ページ
　40ページ

❺ ご使用のOSとソフトウェアのバージョン
　Windows 11
　Excel 2021

❻ ご質問内容
　修正が反映されない

問い合わせ先

〒162-0846　東京都新宿区市谷左内町21-13
株式会社技術評論社　書籍編集部
「今すぐ使えるかんたんmini　Excel　仕事の困った!が1冊で
解決する本 [Office 2021/Microsoft 365 対応版]」質問係

[FAX]
03-3513-6167
[URL]
https://book.gihyo.jp/116

今すぐ使えるかんたんmini

Excel 仕事の困った!が1冊で解決する本

[Office 2021/Microsoft 365 対応版]

2022年9月28日　初 版　第1刷発行

著　者 ● 井上 香緒里
発行者 ● 片岡 巌
発行所 ● 株式会社 技術評論社
　　　　東京都新宿区市谷左内町21-13
　　　　電話　03-3513-6150　販売促進部
　　　　　　　03-3513-6160　書籍編集部
製本/印刷 ● 図書印刷株式会社

装丁 ● 西垂水 敦 (krran)
イラスト ● 高内 彩夏
本文デザイン ● 坂本 真一郎 (クォルデザイン)
DTP ● 五野上 恵美
編集 ● 落合 祥太朗

定価はカバーに表示してあります。

落丁・乱丁がございましたら、弊社販売促進部までお送りください。交換いたします。
本書の一部または全部を著作権法の定める範囲を超え、無断で複写、複製、転載、テープ化、ファイルに落とすことを禁じます。

© 2022　井上香緒里

ISBN978-4-297-13022-0　C3055
Printed in Japan